JN451151

건축시공전서

실링기술 가이드 매뉴얼

Guide Manual for Sealing Technology

한국건축시공학회 편

KIC 사단법인 한국건축시공학회
The Korea Institute of Building Construction

발간사

우리 한국건축시공학회는 지난 2001년 5월에 학계와 건설업계가 공동으로 창립하여 현재는 회원수 4,300여 명에 이르는 중견학회에 이르렀습니다. 학회논문집은 SCI급 인증을 목표로 지속적으로 노력하고 있으며, 한편으로는 건축시공기술과 관련된 국내 최고의 전문가들이 모여 다양한 기술개발과 연구를 수행하고 있습니다.

근래 국내 건설산업은 한국의 경제규모가 성숙기로 진입하면서 건설에 대한 수요가 감소하고, 상대적으로 저부가가치의 산업으로 전락하여 위기감이 고조되고 있습니다. 이러한 산업적 현안의 해결을 위하여 국내 건설산업의 활동범위를 해외시장으로 확대하고자 하는 노력이 꾸준히 수행되고 있습니다. 그러나 글로벌 시장에서 경쟁력을 유지할 수 있는 기술력을 확보하지 못한 경우가 있어 어려움을 겪고 있으며, 이에 전문화된 우수한 기술력을 갖추는 것을 필요로 하고 있는 시점입니다.

이러한 기술력 향상 수요에 대응하기 위하여, 우리 학회는 본연의 역할인 건축시공기술의 재조명과 전문가 기술교육에 이바지할 수 있는 '건축시공전서'를 발간해 오고 있습니다. 이 기술전집은 학회 상설위원회인 연구부를 중심으로 시공재료, 토공 · 가설 및 기초, 구체시공, 마감재시공, 초고층기술, 시공구조, 시공설비, 시공관리 등 건축시공 관련 전 분야의 기술을 망라하는 발간물입니다. 이 중 특히 본 '실링 가이드 매뉴얼'은 건축공사에서 실링 분야의 품질을 확보하기 위한 최신 동향 및 기술을 소개하고 있습니다.

본 기술전집이 건축시공 분야의 관련 전문가 분들에 유용한 정보와 지식 공유에 도움이 될 수 있기를 바라며, 그간 열과 성을 다하여 기술전집 발간 작업에 임해주신 배기선 교수님을 비롯한 집필위원 여러분들에게 깊은 감사의 말씀을 전합니다.

2016년 1월

사단법인 한국건축시공학회

회장 강 경 인

머리말

실링기술은 건축에서 부재 간의 조인트나 접합부와 같은 부위에 적용되는 중요한 건축 기술이며, 특히 건축구조물의 수밀성이나 기밀성을 포함한 내구성과 기능성에 관한 성능을 확보하는 데 필요불가결한 기술이라고 생각된다.

이러한 실링기술의 중요성에도 불구하고 그동안 우리나라에서의 저변 확충이 매우 미진한 상황이었다. 그러나 다행스럽게도 2013년부터 우리 학회에 실링기술위원회가 설립되어 학계는 물론 산업계 관계자의 관심과 기대를 받으면서 다양한 활동을 전개하고 있는 상황이다.

실링기술위원회는 실링과 관련된 기술의 보급을 위한 공개 세미나 개최, 국가 기준이나 규격의 제 · 개정을 위한 표준화 연구, 산학 간 공동연구과제 발굴 등 다양한 활동을 추진 중에 있으므로, 실링기술위원회의 활동이 우리나라 실링기술 발전에 중요한 초석이 될 것으로 기대하고 있다. 이번에 작성되는 실링기술 가이드 매뉴얼은 실링위원회 차원에서의 실링기술의 확충과 보급을 목적으로 기획하게 되었다.

이에 따라 위원회에서 가이드 매뉴얼 작성을 위한 T/F로써 실링 분야의 최고 전문가인 삼성물산 오노 타다시 기술고문과 손종원 과장, 일본국토교통성 미야우치 히로유키 박사, 실링설계를 선도하는 삼우설계 고성철 소장과 CDC 한국지사 한준희 이사, 실링 관련 표준화 시험연구기관인 KCL 신홍철 박사와 이상국 연구원, 실링용 재료의 개발을 선도하는 다우코닝 박승복 소장과 이정현 과장, KCC 차윤근 부장, 한국신에츠실리콘 김경철 과장, 동양실리콘 박성혁 부장, 원익큐브 김진선 차장, 시카코리아 이민호 부장 등 각계각층의 다양한 전문가를 집필진으로 구성하였다.

그리하여 실란트의 적용 범위, 실란트의 종류, 실란트 표준시공방법 및 절차, 적용 용도별 검토사항, 실란트 시공품질관리 및 사후관리기술, 실란트 관련 규격 및 법규 등에 관하여 정리하여 소개하게 되었다.

이 가이드 매뉴얼은 우리나라에서의 실링공사의 품질향상을 위한 기준이 되고, 향후 관련 시방서나 표준의 제정을 위한 기반이 될 것으로 생각되며, 관련 분야에 종사하는 여러분들에게 많은 도움이 되었으면 한다.

2016년 1월

실링기술위원회 위원장 배기선

| 집필위원 |

집필책임자	배기선 한양대학교	
집 필 위 원	고성철 삼우설계 김경철 한국신에츠실리콘 김영주 Kaneka Korea 김진선 원익큐브 박성혁 동양실리콘 박승복 한국다우코닝	손종원 삼성물산 이민호 씨카코리아 이정현 한국다우코닝 정진영 Indium Co, Korea 차윤근 KCC

| 검토위원 |

검 토 위 원	Hiroyuki Miyauchi 일본 국토교통성 건축연구소 Tadashi Ono 삼성물산 신홍철 KCL 이한승 한양대학교 한준희 CURTAINWALL DESIGN CONSULTING 한국지사

| 심의/기획/도서출판위원회 |

위 원 장	이건철 한국교통대학교	
부 위 원 장	이재삼 (주)렉스콘 조병영 한국건설생활환경연구원	
간 사	류동우 대진대학교	
위 원	박동천 한국해양대학교 한민철 청주대학교 이상수 한밭대학교 최희복 제주대학교	이종구 고려대학교 이한승 한양대학교 김규용 충남대학교 김경민 (주)대우건설

| 한국건축시공학회 |

회 장	강경인 고려대학교	
부 회 장	김진만 공주대학교 서덕석 한라대학교 오상근 서울과학기술대학교	이영도 경동대학교 최수경 한서대학교

차례

05 CHAPTER 실링재 시공품질관리 및 사후관리

06 CHAPTER 실링재 관련 법규 및 규격

07 CHAPTER 부록 용어정리 및 관련 규격 목록

CHAPTER 1 적용 범위

1.1 개요

이 가이드 매뉴얼은 건설공사에서 가열과정이 없이 실링(sealing) 및 글레이징(glazing) 용도로 사용되는 1액형 및 다성분형 실링재에 대한 기준을 제시하며, 건축물 부재 간의 접합부분에 설치된 줄눈에 건(gun) 등의 기구를 이용하여 실링재를 충전하는 공사에 적용한다.

한국산업표준 KS F 4910 건축용 실링재 표준을 따르며 제품 표시 등급별 규격을 만족하고 국토교통부 건강친화형 주택건설기준 및 환경부 실내공기질관리법 등 정부기관 기준 및 법령을 준수하는 제품을 우선으로 사용한다.

KS F 4910 : 2010(건축용 실링재) 표준은 ISO 11600, 'Building construction－Sealants－Classification'을 기초로 기술적 내용을 변경하지 않고 보완하여 건축구성재의 줄눈부분, 새시 주위의 충전, 유리 끼우기 등에 사용하는 건축용 실링재의 종류 및 품질에 대하여 부합화되었다. 따라서 본 가이드 매뉴얼에 포함되는 세부 건축공정별 해당 KS 표준이 존재하지 않을 경우에는 관련 ISO 표준을 우선 적용한다. 또한 KS 및 ISO가 존재하지 않는 경우에는 ASTM 등 특기시방서에 명시된 관련 표준을 따른다.

또한 본 매뉴얼에서 구분되지 않은 공정은 국내외 관련 산업 표준에 명시된 요구물성 및 시공조건을 만족하는 재료를 선정하여 용도에 맞게 사용한다.

1.2 제외되는 공사 및 공정

교량, 도로, 활주로 공사 등 토목공사

1.3 적용되는 건축공정

1.3.1 조적공사

건축물의 내외벽에 사용되는 벽돌 및 ALC블록(고온고압 증기양생한 경량기포콘크리트 블록 : Autoclaved Lightweight Aerated Concrete Block)을 건축물의 외벽, 칸막이벽 등으로 사용하는 공사에 적용하는 실링공정이다.

(1) 신축줄눈의 충전

벽돌 또는 벽돌이 접합하는 구체의 팽창 및 수축에 대한 균열 등으로 손상이 발생하지 않도록 미리 설치하여 탄력성을 갖게 한 줄눈의 충전이다.

(2) ALC블록 줄눈 충전

블록과 블록, 블록 및 패널과 타 부재와의 틈새 충전

1.3.2 석공사

화성암(화강암, 안산암), 변성암(대리석, 사문암), 수성암(점판암, 사암) 및 테라초 인조대리석을 내 · 외부의 바닥, 벽체, 계단 및 조형물, 기념물 등에 습식공법으로 설치하거나 연결철물을 사용하여 벽체(경량벽체 포함) 등에 건식공법으로 설치하는 공사와 석재쌓기공사, 석축공사 시 적용하는 실링공정이다.

(1) 석재 줄눈의 충전

석재와 석재, 석재와 건물의 다른 부재와의 틈새 충전

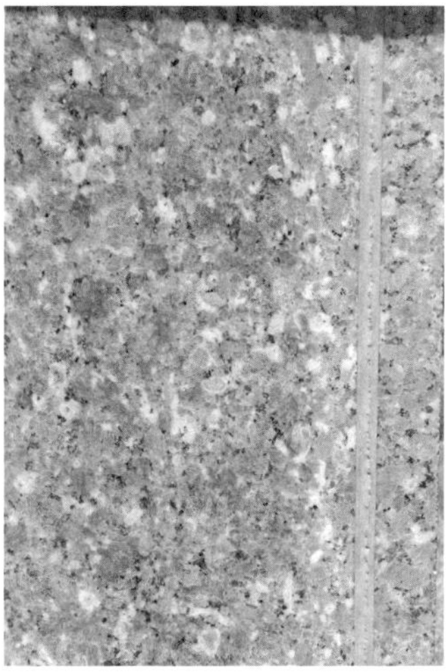

그림 1.1 **석재 줄눈의 실링재 충전**

1.3.3 방수공사

건축공사에 있어서 방수를 필요로 하는 부위에 방수층을 시공하는 방수공사에 적용하는 실링공정이다.

(1) 시트(sheet) 방수공사의 실링공사

시트 방수공사 중 비정형 재료를 사용하여 시트재료의 틈새(방수층의 끝부분) 등을 실링하는 공정이다.

그림 1.2 **시트 방수공사의 실링**

표 1.1 방수공사에 사용하는 재료

종류	형상	재료	적용 부위
정형 재료	테이프형 실링재	비가황고무를 테이프형으로 성형한 재료 두께 : 0.5~3.0mm, 폭 : 30~50mm	방수층 끝부분 및 시트 상호 접합부
	선형 실링재	염화비닐수지계 시트와 동질의 재료로 원형 단면의 선형으로 성형한 재료	염화비닐수지계 시트의 접합 끝부분
비정형 재료	실링재	부틸고무계, 폴리우레탄계, 변성 실리콘계, 실리콘계 등이 있다.	방수층의 끝부분
	액상 실링재	염화비닐수지계 시트와 동질의 재료를 용제에 용해한 재료	방수층의 끝부분

(2) 금속판 방수공사의 실링공사

플래싱(flashing)과 만나는 부분 등에 사용하는 실링공정이다.

1.3.4 지붕공사

지붕공사의 마감재료로 사용되는 금속기와, 공장에서 성형된 패널 유형의 금속판, 금속제 절판 구성재를 사용하는 지붕공사와 EPDM(ethylene-propylene-diene-monomer), TPO(thermoplastic polyolefin) 시트 지붕 등의 지붕공사에 적용되는 실링공정이다.

(1) 금속기와 및 금속지붕재 공사

금속기와 및 금속지붕재와 플래싱(flashing), 환기구 및 기타 마감재 등과의 접촉에서 생기는 줄눈 및 신축이음 부위의 실링공정이다.

(2) EPDM, TPO 시트 지붕공사

지붕재의 이음 부위와 플래싱과의 접촉 부위에 생기는 줄눈의 실링공정이다.

1.3.5 외벽외장공사

금속커튼월, PC커튼월, 조립식 패널 및 고온고압증기양생한 경량기포콘크리트 패널(ALC, autoclaved lightweight aerated concrete panel), 친환경 외벽을 건축물이나 공작

물에 사용하는 공사의 실링공정이다.

(1) 금속패널 및 콘크리트 패널 외벽공사

패널 유닛 사이에 형성된 줄눈에 대한 실링공정이다.

(2) 기타 외벽공사

조립식 패널, ALC 패널 등의 마감재 사이에 형성된 줄눈의 실링공정이다.

1.3.6 유리공사

각종 건축물에 사용하는 유리제품 및 제작에 적용되는 실링공정이다.

(1) 복층유리 제작

복층유리의 제작 중 판유리 사이의 충전(밀봉)공사에 적용하는 실링공정이다.

1.3.7 창호공사

구조용 글레이징(SSG), 목재창호공사, 강재창호공사, 알루미늄 합금재 창호공사, 합성수지 창호공사, 스테인리스스틸 창호공사, 복합소재 창호공사, 기타 창호공사 및 창호철물공사에 적용되는 실링공정이다.

(1) 창 글레이징

유리 및 기타 자재를 창 또는 프레임에 설치하는 공사의 줄눈, 틈새줄눈 등에 적용하는 실링공정이다.

그림 1.3 PVC 창호

(2) 구조용 글레이징(SSG)

유리를 실링재의 접착력만으로 바탕재(mullion & transom)에 고정하는 공사에 적용하는 실링공정이다.

그림 1.4 구조용 글레이징 실링재가 적용된 건물 (European Parliament, Quartier Léopold, Brussels, Belgium)

1.3.8 단열공사 및 방습공사

건축물의 바닥, 벽, 천장 및 지붕 등의 열손실 방지를 목적으로 암면, 유리면, 발포 폴리스티렌, 단열모르타르, 셀룰로오스 폼 단열재 등을 사용하는 일반적인 단열공사 및 방습공사의 실링공정이다.

(1) 단열공사

외단열공법에서와 같이 노출되는 단열마감재와 이질 부재의 접합부에서 발생하는 줄눈의 실링공정이다.

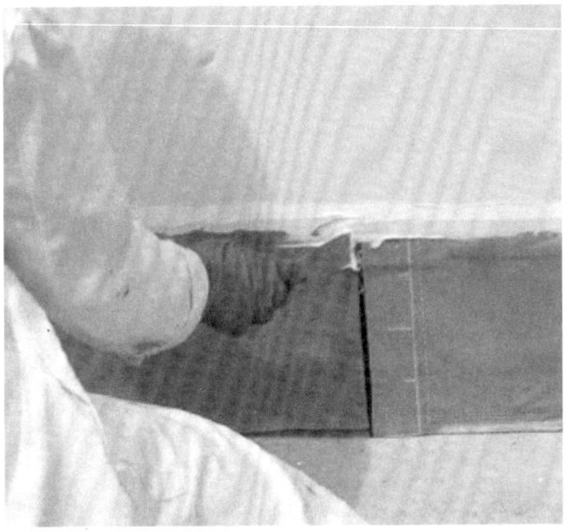

그림 1.5 **단열마감재와 이질 부재의 접합부 실링**

(2) 방습공사

금속판 및 박판시트계 방습공사에서 발생하는 끝부분의 틈새에 대한 실링공정이다.

1.3.9 기타

이 가이드 매뉴얼에서 정하는 이외의 범위에 대해서는 담당원의 승인을 받아 해당 재료의 제조 및 시공자 시방에 준하여 시공한다.

1.4 용어정리(KS F 4910 : 2000 참조)

1) 실링(to seal)

동종 또는 이종 재료로 구성된 각종 부재의 틈새로부터 물의 침입이나 공기의 통과를 방지하기 위하여 줄눈에 적절한 재료를 시공하는 것

2) 실링재(sealant)

부정형의 형태로 사용하며, 줄눈의 적절한 면에 접착시킴으로써 실(seal)을 하는 재료

3) 탄성실링재(elastic sealant)

경화 후 탄성적인 거동을 나타내는 실링재. 즉, 줄눈의 거동에 의해 발생한 응력이 거의 변형에 비례하는 실링재

4) 소성실링재(plastic sealant)

경화 후 소성적인 거동을 나타내는 실링재. 즉, 줄눈의 거동에 의해 생기는 응력이 신속히 완화되는 실링재

5) 1성분형 실링재(one component sealant)

그대로 사용할 수 있도록 조제되어 있는 실링재

6) 다성분형 실링재(multi-component sealant)

두 가지 이상의 성분으로 나눠진 형태로 공급되어, 두 가지 이상의 재료를 혼합하여 사용하도록 제조되어 있는 실링재

7) 줄눈의 거동 크기(joint movement amplitude)

① 신축 거동(for extention/compression movements) : 줄눈을 구성하는 2개 부재의 간격이 확대되거나 축소되는 방향으로 이동함으로써 발생하는 변형량

② 전단 거동(for shearing movements) : 줄눈을 구성하는 2개의 부재가 전단방향으로 이동하면서 발생하는 변형량

8) 거동 추종성(movement capability)[1]

줄눈의 거동에 대하여 실 기능이 효과적으로 기대될 수 있는 실링재의 추종 성능

9) 프라이머(primer)

접착성을 확보하기 위하여 실링재를 충전하기 전에 줄눈의 피착면에 도포하는 재료

10) 백업재(back-up material)

실링재의 충전 깊이와 배면의 형태를 확보하기 위하여 줄눈에 설치하는 재료

11) 상응성(compatibility)

실링재가 타 재료와 계속 접촉하여도 물리적·화학적인 문제가 생기지 않는 성질

12) 응집(cohesion)

인장력을 받았을 때 분자 간에 의해 결합이 유지되는 실링재의 성질

13) 응집파괴(cohesion failure)

실링재 자체의 파괴

14) 접착성(adhesion)[2]

피착재에 달라붙는 실링재의 성질

15) 접착파괴(adhesion failure)

실링재와 피착체의 접착면에서의 파괴

16) 탄성복원성(elastic recovery)

변형을 부여하는 외력을 제거했을 때 초기의 형태와 치수로 돌아오려고 하는 실링재의 성질

---

1) 이 매뉴얼에서는 '움직임 허용치'로 용어를 통일합니다.
2) 이 매뉴얼에서는 '접착'으로 용어를 통일합니다.

17) 슬럼프(slump)

수직면의 줄눈으로부터 실링재가 흘러내리는 것.

18) 일정 신장 시의 인장 모듈러스(secant tensile modulus)

일정 신장에 있어서 실링재의 인장응력

19) 작업 가능 시간(application life)[3)]

다성분형 실링재를 비빈 후(또는 1성분형 실링재의 밀폐용기를 개방한 후) 정해진 온도로 충분히 줄눈에 시공하는 것이 가능한 시간

20) 마감(tooling)

접착면에 잘 밀착시켜 표면을 평활하게 하기 위하여 실링재를 누르면서 마감하는 것.

21) 프라이머의 오픈 타임(open time of the primer)

프라이머를 도포한 후 실링재를 시공하는 데 지장이 없는 시간

22) 택프리 타임(tack-free time)

실링재가 손끝에 묻지 않을 때까지의 시간

23) 실링재의 깊이(depth of the sealant)

실링재 표면과 백업재 표면 사이의 최소치수

24) 경화(cure)

실링재가 액상 또는 페이스트상에서 고무 상태로 바뀌는 비(非)가역적인 변화

25) 수명(service life)

실링재가 보유할 만한 기능(성능)을 다할 때까지의 기간. 실제로는 실링재가 줄눈에 충전된 시간부터 기능이 다할 때까지의 기간

3) 이 매뉴얼에서는 '가사시간'으로 용어를 통일합니다.

26) 실링재의 내구성(sealant durability)

사용될 조건에서의 실링재의 추정 수명

27) 저장기간(storage life)

실링재를 제조 후 특정의 조건에서 저장한 경우에 작업이 가능하며 성능이 유지되는 기간

28) 설계 신축률 및 전단 변형률

거동 추종성을 기준으로 안전율을 고려한 수치로 줄눈너비의 설계에 사용함.

29) 글레이징

유리를 끼워 고정하는 것.

※ 이상과 같은 용어 이외의 내용에 관해서는 부록에서 제시

CHAPTER 2

실링재의 종류

2.1 실링재의 구분

일반적인 실링재는 KS F 4910(건축용 실링재)의 용도 및 성능 등급 구분에 따라 나누어지며, 동 표준의 부속서 2(참고)에 따라 주성분, 제품 형태 및 내구성에 따라 구분할 수 있다.

2.2 실링재의 선정

① 일반적인 건축공사용 실링재는 KS F 4910 건축용 실링재 인증을 유지하고 있는 업체에서 생산된 표준 제품으로 하고, 시공하는 당해 연도 또는 1년 이내 공인기관 시험성적서를 바탕으로 그 주성분, 및 성능 등급에 따라 용도별 제품을 선정한다. 그 외의 사항은 공사 특기시방서 내용을 따른다.

② 제품을 선정함에 있어서 KS F 4910의 요구성능 등급의 결정은, 부재의 열에 의한 수축 · 팽창 및 지진 등에 의해 발생되는 줄눈의 층간변위와 풍압에 의해 발생되는 하중 및 부재의 자중과 디자인 사항 등을 고려해 설계된 줄눈의 폭과 깊이를 고려하여 본 매뉴얼의 적용 용도별 검토사항의 내용을 참조하여 결정하여야 한다.

③ 현장 반입된 제품의 하자 발생을 방지하기 위해 공인기관 시험성적서에 적시된 내용과 현장시공 시 사용될 제품의 Lot 물성이 다르지 않음을 증빙하는 제조사의 확인서를 현장 담당원에게 제출하고 승인을 받은 것으로 한다.

④ 실링재는 제조일로부터, 실링재 제조업자의 시방서에 명기된 유효기간을 초과한 제품은 사용하지 않는다.

⑤ 이종 실링재의 이음은 원칙적으로 피한다. 이음이 발생할 경우에는 실링재 제조사의 시험보고서 또는 공인기관 시험을 실시하여 접착성, 상응성 및 경화성을 사전에 확인한다.

⑥ 실링재의 표면을 도료 및 마감도료 등으로 마감할 경우에는 공사 특기시방서를 따른다. 단, 특별한 명시가 없을 경우에는 실링재와 도료의 접착력, 상응성을 실링재 제조업자 또는 공인기관 시험성적서를 통해 사전에 확인한다.

⑦ 실링재와 부재의 접착성 발현 및 프라이머 사용 여부는 프로젝트 현장별로 구조용 실링재의 경우 ISO 28278 또는 ASTM C 1135에 의한 접착성 시험방법을 사용하고, 기타 실링재의 경우에는 ASTM C 794의 접착성 시험방법에 의해 실링재 제조업자 또는 공인기관 시험성적서를 통해 사전에 확인한다.

⑧ 실링재가 개스킷, 백업재 및 세팅블록 등의 고무나 플라스틱 재질의 이종 재질과 접촉하는 경우 프로젝트 현장별로 ISO 28278 시험방법 또는 ASTM C 1087 시험방법에 의해 실링재 제조업자의 시험보고서 또는 공인기관 시험성적서를 통해 상응성을 사전에 확인한다.

⑨ 화성암(화강암, 안산암), 변성암(대리석, 사문암), 수성암(점판암, 사암) 및 테라초 인조대리석 등에 비오염 성능이 요구되는 경우 ISO 16938-1 시험방법 또는 ASTM C 1248에 의해 현장에서 사용될 자재에 대하여 확인한다.

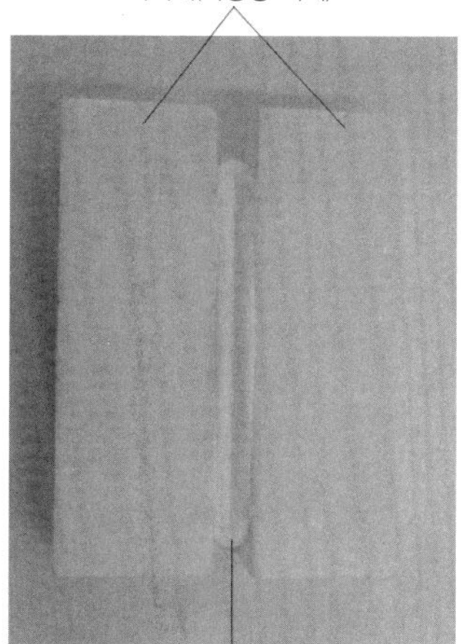

그림 2.1 ASTM C 1248 시험용 시편

⑩ 구조용 실링재는 ISO 28278 또는 ASTM C 1184의 요구 성능, 적용 기준을 만족하고 본 매뉴얼의 시공품질 관리 및 사후 관리지침에 따라야 한다.

2.3 폴리머 형태에 따른 실링재 종류

2.3.1 개요

건축용 실링재로 사용되는 종류에는 실리콘계, 변성실리콘계, 폴리설파이드계, 폴리우레탄계, 아크릴계, 부틸계로 나누어지며 각 실링재에 대한 특징과 주 용도는 다음과 같다.

2.3.2 실리콘 실링재

(1) 개요

실리콘계 실링재의 기본구조는 기본 폴리머가 폴리실록산결합(-Si-O-)으로 다른 실링재의 탄소결합과 다르며, 이는 온도 의존성이 적고 내열성, 내자외선성, 내구성이 좋은 것이 큰 장점이며 그 특징과 유의사항은 다음과 같다.

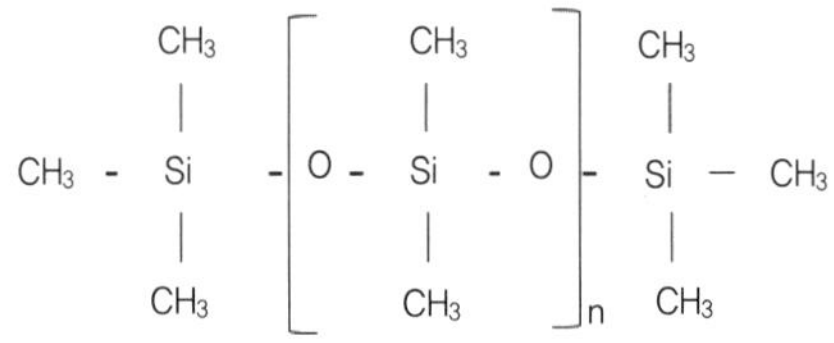

그림 2.2 **실리콘 폴리머(PDMS) 화학구조**

(2) 특징 및 유의사항

① 오존, 자외선 등에 의한 열화가 적고 내후성 및 내구성이 우수하다.

② 내열성, 내한성이 우수하며, 온도에 의한 물성변화가 적으며, 저온에서의 작업성이 우수하다.

③ 복원성이 좋고 반복피로에 강하다.

④ 표면에 다른 마감재나 도료를 가부착하기가 어려우며, 표면에 도장이 되지 않는다. 실리콘계 도료로 도장 가능

⑤ 석재와 줄눈 주위에 오염되는 제품이 있다.

⑥ 표면에 먼지가 붙기 쉽다.

⑦ 1액형의 경우 대부분의 피착재에 접착력이 우수하지만 콘크리트와 같은 다공성 피착재와 2액형 제품의 경우에는 프라이머를 도포해야 하는 경우가 많으므로, 사전 접착성 시험을 통해 프라이머의 적용 유무를 확인하는 것이 바람직하다.

(3) 용도

유리 글레이징, 구조용 실링재, 복층유리 2차 실링재, 신축줄눈, 석재(비오염성 제품에 한함), 방화용, 내열용 등 대부분의 용도에 널리 사용이 가능하다.

2.3.3 변성실리콘계 실링재

(1) 개요

변성실리콘은 화학적으로 유기 폴리머 양말단에 알콕시실릴기(-Si(OR)2)를 도입한 실링재로 제조방법에 따라 MS(Modified Silicone)와 SiPU(Silane modified Polyurethane)가 있다. ASTM에서는 MS를 STPE(Silyl Terminated Polyether), SiPU를 STPU(Silyl Terminated Polyurethane)으로 정의하고 있다. SiPU와 MS 실링재는 화학적 구조 및 그 성능에 차이가 있지만 국내의 경우 명확한 용어 구분이 되지 않아 변성실리콘 실링재로 통용되어 사용되고 있어 제품 선정에 주의가 필요하다. 유기 실링재의 단점을 일부 보완한 실링재로 1액형과 2액형이 있으며, 내후성은 실리콘계에 비해 낮지만 다른 유기계 실링재에 비해 고른 물성을 가진 실링재이다.

표 2.1 **변성실리콘의 구분**

약호	정의	폴리머
MS	우레탄 결합이나 우레아 결합을 포함하지 않는 시릴기 함유 폴리에테르를 주성분으로 하는 실링재	MS 폴리머
SiPU	우레탄 결합 또는 우레아 결합을 하는 말단 시릴기 함유 폴리에테르 또는 폴리우레탄을 주성분으로 하는 실링재	시릴화 우레탄 폴리머

※ ASTM C 1299-03에서는 상기 표의 MS를 STPE(Silyl Terminated Polyether), SIPU를 STPU(Silyl Terminated Polyurethane)로 구분

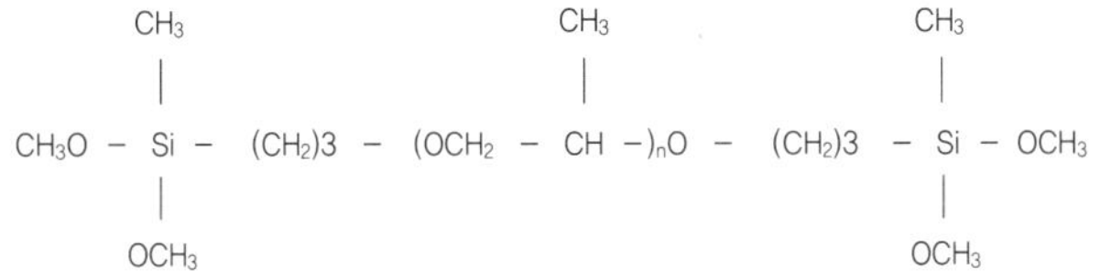

그림 2.3 **MS 폴리머(STPE) 화학구조**

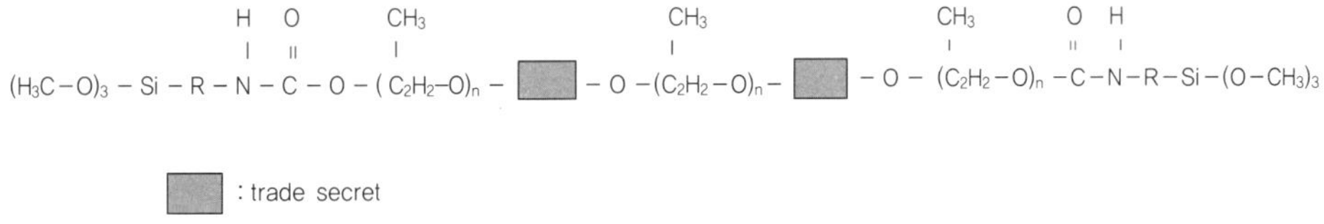

그림 2.4 **SIPU(STPU) 폴리머 화학구조**

(2) 특징 및 유의사항

① 일반 유기계 실링재에 비해 우수한 내후성을 가지고 있다.

② 표면에 도장성이 양호하다.

실링재 표면으로부터의 줄눈 오염이 발생하지 않는 제품이 있다. 단, 피착재의 종류에 따라 오염이 발생할 수 있으므로 사전 확인이 필요하다.

③ 유리와의 내광접착성이 불충분하여 유리의 실링에는 사용이 불가하다.

SiPU 1액형 및 MS 2액형은 비교적 탄성복원성이 우수하며, MS 1액형의 경우 탄성복원성을 갖는 제품과 피착재의 수축 시 응력을 완화시킬 수 있는 응력완화형 제품도 있다.

④ MS 2액형 제품은 반드시 프라이머를 도포하여야 피착재와 접착력을 발휘하며, MS 및 SiPU 1액형 제품의 경우 프라이머의 적용 유무를 사전 접착성 시험을 통해 확인하는 것이 바람직하다.

(3) 용도

① 석재 및 패널의 비오염성이 요구되는 부위(프라이머 사용 필수) 및 콘크리트, PC(프리캐스트콘크리트), ALC 줄눈실링

② 최근 방화 및 항균성 등 기타 기능을 부여한 제품도 있다.

2.3.4 폴리설파이드계 실링재

(1) 개요

폴리설파이드를 주성분으로 하는 실링재로서 1950년대부터 건축시장에 사용되어 오랜 역사를 가지고 있으며 내유성이 우수하여 활주로 줄눈실링 및 각종 토목공사에 적용되고 있으며 내오존성, 내약품성이 우수하고 가스 투과율이 낮아 복층유리의 2차 실링재로 주로 사용되고 있는 실링재이다. 복층유리 제작용 폴리설파이드는 일반적으로 2액형으로 주제와 경화제를 일정 비율로 혼합하여 사용한다.

$$HS-(C_2H_4-O-CH_2-O-C_2H_4S-S)n-C_2H_4-O-CH_2-O-C_2H_4-SH$$

그림 2.5 **폴리설파이드 폴리머 화학구조**

(2) 특징 및 유의사항

① 내유성, 내수성, 내산성이 양호하다.

② 내열성과 내구성은 실리콘계 실링재와 폴리우레탄계 실링재의 중간 정도의 물성 값을 갖는다.

③ 시공 시 온도에 의해 작업성, 경화성이 변화한다.

④ 움직임이 큰 금속과 같은 줄눈에는 좋지 않다.

(3) 용도

외부에 노출되는 않는 비구조용 복층유리 2차 실링재

2.3.5 폴리우레탄계 실링재

(1) 개요

1액형은 우레탄 프리폴리머를 주성분으로 하여 공기 중의 수분과 반응하여 경화한다. 2액형은 주제는 우레탄 프리폴리머이며 경화제는 활성수소를 갖는 폴리올 등이 주성분으로 가격이 1액형보다 저렴하여 국내에서는 주로 2액형이 사용된다.

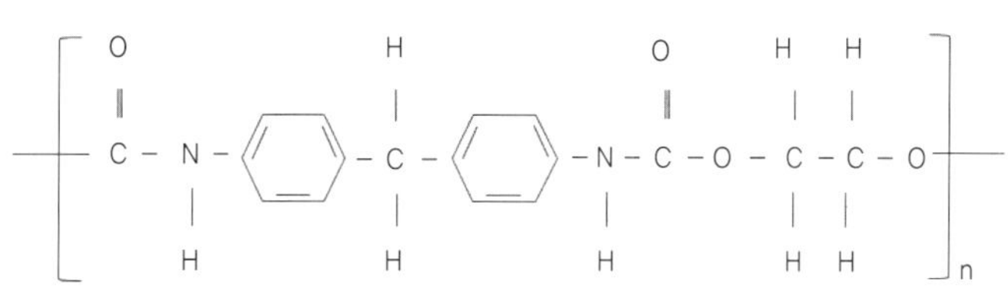

그림 2.6 **우레탄 폴리머 화학구조**

(2) 특징 및 유의사항

① 신율이 우수하다.

② 표면에 도장성이 양호하다.

③ 경화 후 잔류 끈적거림이 있다.

④ 내광접착성 및 내열성이 다른 실링재보다 좋지 않기 때문에 외부 노출 부위의 유리와 70℃ 이상의 금속실링에는 사용이 부적합하다.

⑤ 내후성을 높이기 위해서는 도장하는 것이 바람직하다.

⑥ 표면에 주름이 남는다.

⑦ 자외선에 의해 황변하거나 유황계 가스에 의해 변색될 수 있다.

⑧ 시공 시 수분이 유입될 경우 고온, 고습조건에서 기포가 발생할 수 있다.

(3) 용도

① 콘크리트, ALC의 줄눈 및 도장이 요구되는 줄눈

② 건축물의 창호와 벽체 줄눈실링

2.3.6 아크릴계 실링재

(1) 개요

아크릴 수지를 주성분으로 한 에멀션형의 1액형 실링재이다. 수분의 증발에 따라 건조 경화하며 주로 ALC의 줄눈에 사용된다.

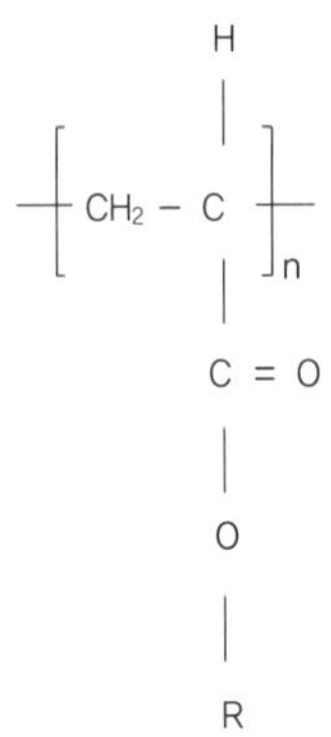

그림 2.7 **아크릴 폴리머 화학구조**

(2) 특징 및 유의사항

① 일시적인 물기가 있는 곳에서도 시공이 가능하다.

② 수성이기 때문에 악취가 적고 세정이 용이하다.

③ 수성도료로 스프레이 도장을 할 수 있다.

④ 영하에서는 시공할 수 없다.

⑤ 미경화 상태에서는 물에 용해되며, 항상 물에 접촉되는 줄눈에는 사용할 수 없다.

⑥ 경화 시 수축이 크며 탄성이 거의 없다.

(3) 용도

내부 칸막이 충전·방음, 균열 부위 보수 및 단순 틈새 충전용

2.3.7 부틸계 실링재

(1) 개요

부틸계 실링재는 부틸고무를 주성분으로 한 1액형 실링재로서 내수성과 기밀성이 우수하며 특징과 유의사항은 다음과 같다.

$$-\!\!\left[\, CH_2 \; - \; C(CH_3)_2 \,\right]_n\!\!-$$

그림 2.8 PIB(Polyisobutyl) 고무 화학구조

(2) 특징 및 유의사항

① 내수성이 매우 우수하다.

② 고온 시 끈적거림이 있으며 동절기에는 가열 시공해야 한다.

③ 탄력성 및 회복력이 거의 없다.

(3) 용도

복층유리의 1차 실링

2.3.8 폴리머 형태에 따른 실링재 용도

표 2.2 **폴리머 형태에 따른 실링재 용도**

구분	실리콘계	변성실리콘계	폴리설파이드계	폴리우레탄계	아크릴계	부틸계
구조용	○					
외장용	○	○	○			
복층유리 1차						○
복층유리 2차(비구조용)	○		○			
복층유리 2차(구조용)	○					
내장용	○	○		○	○	
다공성 석재	○	○				

표 2.3 **폴리머 형태에 따른 실링재의 특성**

구분	실리콘계	변성실리콘계			폴리설파이드계	폴리우레탄계
		MS		SiPU		
성분	1/2	1	2	1	2	1/2
내후성	◎	○	○	○	○	△
탄성복원성	◎	△~○	○	○	△	△
후도장성	X	○	○	○	○~△(변색)	◎
표면 비오염성	△	○		○	◎	○
줄눈 주변 비오염성	△~○	○	○	○	○	○
장기 사용온도	−40~120℃	−30~90℃			−20~80℃	−20~70℃

CHAPTER 3

실링재 표준 시공방법 및 절차

3.1 피착재 종류별 검토사항

일반적인 피착제로는 석재, 콘크리트, 금속, 목재, 플라스틱 및 유리 등이 있다. 이들은 다공성 또는 비다공성으로 구분될 수 있다. 몇몇 자재들은 일반적인 자재와 달리 실링재가 접착성을 발휘하기 매우 어렵다. 주로 표면특성에 기인하며 물리적 또는 화학적으로 처리되지 않을 경우 적절한 접착성이 발휘될 수 없다.

콘크리트 및 석재 위 발수처리, 금속 표면 위 보호코팅처럼 자재 표면 위 코팅의 경우 실링재와 상응성뿐만 아니라 접착성이 문제될 수 있다. 이러한 경우 접착불량이 발생할 때까지 쉽게 발견되지 않아 이후 큰 문제를 일으킬 수 있다.

따라서 피착재 종류 및 제조 사양에 따라 표면 세척, 프라이머의 필요 여부가 시공하기 전에 자재 공급업체와 실링재 제조사로부터 확인되어야 한다. 이는 이들에 대한 신뢰성 확보가 실재 현장에서 사용될 자재에 대한 시험평가를 통해서만 확보될 수 있기 때문이다.

현장에서 사용되는 자재는 먼지, 오염물, 이슬 및 성에 등이 없도록 사전에 적절하게 온도관리, 청소 및 세척작업이 이루어져야 한다.

그림 3.1 **청소상태 불량 현장 예시**

3.2 실링재 시공 시 주의사항

주변 습도가 높아지거나 외부 온도 하강 등으로 피착면이 젖을 경우, 피착면을 건조하게 유지시키기 위해 마른천 등으로 완전히 습기를 제거하고 피착면이 마른 후 시공한다.

그림 3.2 **오염된 피착재(좌) 및 세척된 피착재(우) 사진**

비다공성 표면은 실링재 적용 전에 세척제로 세척되어야 하며, 사용될 용제는 먼지와 오일 등 오염물의 형태와 자재에 따라 다르게 적용한다. 오일성분이 아닌 오염은

대개 50%의 이소프로필알콜(IPA)과 물, 순수 IPA로 제거하며, IPA 외의 다른 용제(solvent)류를 사용할 경우 실링재 제조사에게 문의한 후 사용한다.

강우, 강설, 높은 습도(85% 상대습도 이상), 낮은 기온(5℃ 이하)에서는 정상적인 물성 발현을 기대하기 어려우며, 도막의 균열, 부착불량 등의 현상이 발생할 수 있으므로 작업 시에는 각별한 주의가 필요하다.

실링재가 완전 경화되기 전까지는 움직임이 발생하지 않도록 주의한다. 현장의 온·습도조건 및 실링재 충전두께의 차이로 인한 (심부)경화시간에 차이가 있으므로 시공 전에 현장에서 (심부)경화시간을 확인한다.

동절기나 일교차가 심한 시기에 직사광선이 조사되는 부위의 금속패널 줄눈에 1액형 실링재를 충전할 경우, 금속패널의 팽창에 의해 금속패널 줄눈의 너비가 좁아지는 시간이 충전된 실링재의 심부경화에 필요한 시간보다 빠르기 때문에 충전된 실링재 표면 일부에서 배부름 현상이 발생할 수 있다.

그림 3.3 **배부름 현상 발생 예**

오일, 가소제, 타르, 왁스, 기타 용제 등이 배어나와 접착 방해 및 변색 유발 가능성이 있는 피착재 및 부재에 실링재를 적용할 경우 사전에 실링재 제조업체로부터 접착성 및 상응성 시험을 실시한다.

그림 3.4 **상응성 시험용 시편**

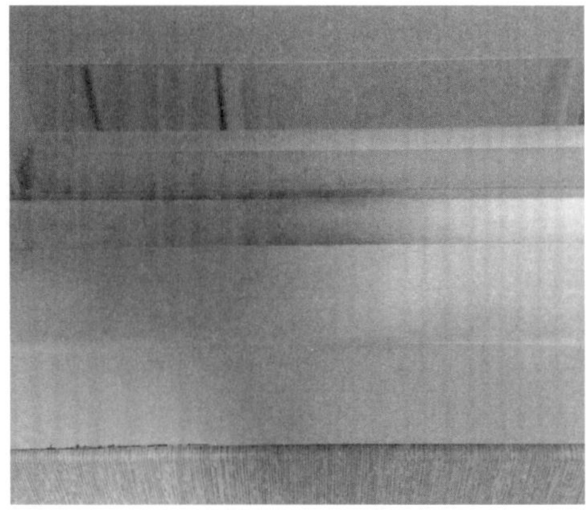

그림 3.5 **상응성 문제로 인한 실란트 변색 발생 사례**

건축물에서 줄눈의 폭과 깊이의 결정은 매우 중요하다. 깊이가 너무 얕거나 깊은 것은 바람직하지 않으므로 실링재 제조업체에 문의하여 추천하는 크기로 시공한다.

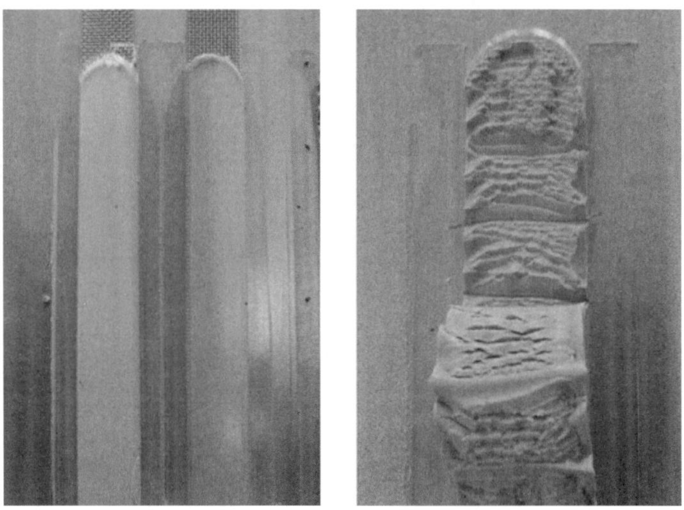

그림 3.6 **접착성 시험 전 시편(좌) 및 시험 후(우) 사진**

3.3 실링재 시공 및 보수

3.3.1 실링재 시공방법

(1) 시공 부위 청소

보수·시공 부위의 먼지, 기름, 수분, 기타 줄눈에 흡착되어 있는 잔여물을 깨끗한 헝겊과 용제를 이용하여 세척한다. 피착면이 용해될 우려가 있는 경우에는 이소프로필알코올(IPA) 등을 사용한다. 용제가 묻은 표면은 반드시 깨끗한 헝겊을 사용하여 다시 한 번 더 닦아준다.

다공성 자재의 경우 그라인딩, 커팅, 블라스트 세척법으로 세척 후 깨끗한 압축공기 또는 진공세척기를 이용하여 잔류 이물질을 제거한 후 반드시 깨끗한 상태에서 실링재를 적용한다. 피착면의 오염물질 완전제거가 어려운 부분에 대해서는 시험시공을 통해 부착면에 대한 확인을 실시한다.

(2) 백업(back-up)재 삽입

① 백업재는 실제 줄눈너비보다 25~33% 큰 것을 사용한다. 원형의 백업재를 사용하는 것을 원칙으로 하며, 백업재를 사용하지 못할 경우 본드 브레이커(bond breaker) 테이프를 사용한다.

② 백업재의 요구 물성은 ASTM C 1330을 따른다.

③ 독립기포 백업재 삽입 시에는 백업재 표면이 손상되지 않도록 주의하여 삽입한다.

④ 백업재는 당일 시공 부위만 설치한다.

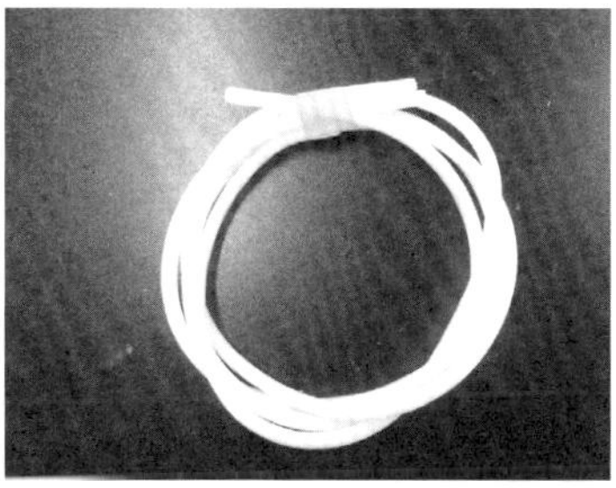

그림 3.7 **백업재**

(3) 마스킹작업

① 시공 주변의 오염 방지를 위해 줄눈 양쪽에 마스킹테이프(Masking tape)를 적용한다.

② 마스킹테이프는 당일 작업분에 대해서만 실시한다.

그림 3.8 **마스킹테이프 시공 예**

(4) 프라이머 처리

① 프라이머 적용 전에 반드시 피착면과의 접착성 시험을 통해서 확인한 후 적용한다. 실링재 제조사에서 추천하는 프라이머를 적용하며, 백업재에는 프라이머가 도포되지 않도록 주의한다.

② 피착재 표면을 적절한 세척방법을 이용해 깨끗이 세척한 후 브러시(Brush) 또는 헝겊을 이용해 피착재 표면에 고르게 분포 되도록 얇게 도포한다. 피착면 이외에는 도포되지 않도록 한다.

③ 프라이머의 휘발성분이 휘발되어 건조될 때까지 대기한 후 실링재를 충전한다. 프라이머 도포 후 실링재 충전시간은 프라이머 제조사의 권고사항을 따르거나 프라이머 제조사에 문의한다.

그림 3.9 **프라이머가 과다 도포된 경우**

그림 3.10 **정상적인 프라이머(좌), 변질된 프라이머(우)**

④ 세척용제 및 프라이머는 휘발성 성분이므로 밀폐하여 보관하여야 하고, 건조하고 서늘한 곳에 보관하여야 하며, 특히 프라이머에 습기 등이 침투하면 젤(gel) 상태의 끈적끈적한 용액으로 성질이 변화되는 점을 주의하여야 한다.

(5) 실링재 충전

① 프라이머 도포 후 지정된 건조시간이 경과하면 가능한 빨리 실링재를 충전한다.

② 충전은 줄눈의 교차부나 가장자리부터 시작하여 빈틈이나 기포가 발생하지 않도록 구석구석 충분히 충전되도록 한다.

③ 실링작업 시 실링재는 노즐을 작업 부위 밑부분까지 잘 밀면서 한 번에 줄눈 부위를 실링하는 것이 좋으며, 작업 전에 공동(빈 구멍)은 마스킹작업으로 잘 처리하는 것이 좋다. 줄눈을 따라 공기방울이나 빈 공간의 형성을 막기 위해 너무 빠르게 실링을 하지 않는 것이 좋다(적절한 노즐의 이동속도 유지).

교차 및 코너부분은 중앙에 삽입한 후 충분한 양의 실링재를 충전한다. 실링재가 교차점을 중심으로 충분히 모든 방향으로 밀려 흘러 들어간 후 다시 연속해서 실링작업을 마무리한다.

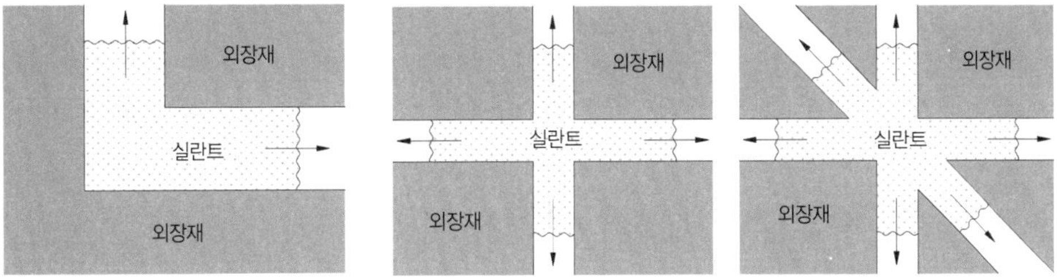

(a) 코너 부위 (b) 교차 부위

그림 3.11 **교차 및 코너 부위의 실링 작업**

선시공 후에 후 작업을 할 경우 연결부분은 교차 및 코너 부위를 피해야 하며, 선시공한 실링재가 아직 경화되지 않았을 때에는 노즐을 실링재 안으로 넣고 연속작업이 가능하며 경화된 후에는 경화된 실링재를 비스듬히 칼로 베어낸 후 시공하는 것이 좋다.

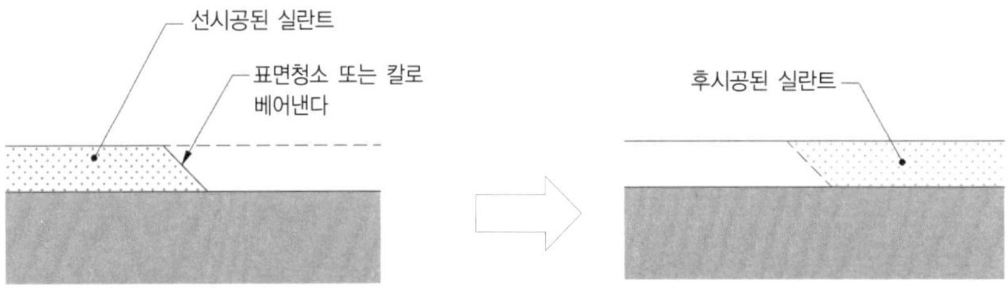

그림 3.12 **연결부분의 실링작업**

(6) 마감(tooling)작업

줄눈의 폭에 맞는 주걱을 준비하여 실링재의 표면을 일정한 각도로 밀어준다.

실링재와 피착면과의 공백을 없애고 잘 접착되도록 줄눈규격에 맞는 주걱(헤라)을 사용하여 표면에 요철 및 굴곡이 없이 깨끗이 마무리한다. 마감작업 시 기포가 생기지 않도록 주의하여야 한다.

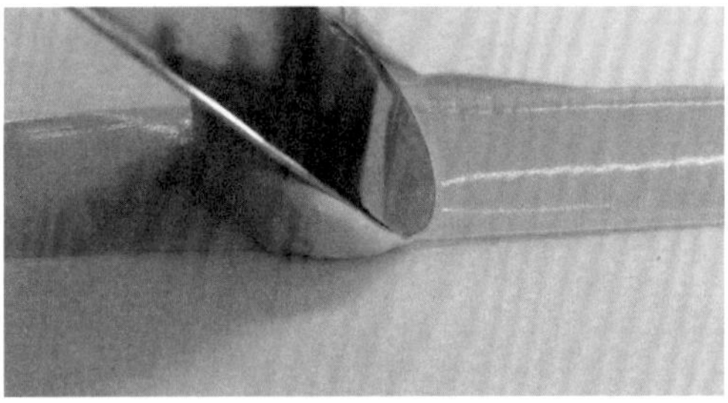

그림 3.13 **마감작업**

(7) 마스킹테이프 제거

표면 마무리작업이 완료되면 마스킹테이프를 실링재 경화 전에 제거하며, 줄눈 주위를 깨끗하게 정리한다(마스킹테이프에 묻어 있는 실링재가 다른 곳에 오염되지 않도록 주의).

(8) 양생

충전된 실링재의 경화 진행 중에는 기타 오염으로부터 보호되어야 하며, 완전히 경화가 되기 전까지는 물리적인 충격이 가해지지 않도록 유의한다.

충전된 실링재의 경화과정에서, 특히 1성분형 실링재의 경우에는 공기 중의 수분을 필요로 하므로 충전된 실링재가 완전 경화 전에 밀폐되지 않도록 유의하여야 한다.

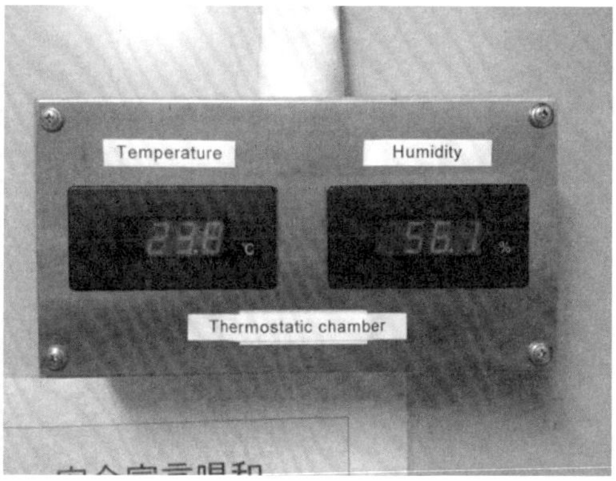

그림 3.14 **항온항습실의 온도 및 습도조절장치**

3.3.2 실링재 보수방법

1) 기존 실링재 제거(Cutting)

보수하려는 줄눈에 기존 실링재의 잔여물이 남지 않도록 완전히 제거한다. 기존 실링재의 제거가 불가능한 경우 덧씌우기와 같은 방법을 사용한다.

줄눈 형상이 불완전하거나 설계 신축률 이상의 줄눈 움직임 발생으로 파괴가 생긴 경우에는 재충전 방식에 의해 보수를 하여도 동일한 파괴가 반복될 것으로 예상된다. 이러한 경우 동종의 재료를 이용하여 그림 3.15와 같이 줄눈에 다리를 걸친 것처럼 실링재를 충전하여 보수하는데 이를 덧씌우기 방식이라고 한다.

※ 덧씌우기 시공방법

(a) 본드 브레이커(bond breaker)를 사용하여 기존 실링재와의 분리

(b) 새로운 실링재는 줄눈의 접착면을 확보하기 위하여 본드 브레이커(bond breaker)의 끝에서 새로운 접착면 확보

(c) 덧씌우기의 경우 새로이 덧씌우는 실링재의 접착너비는 6mm, 두께는 3~6mm 확보

(d) 새로운 실링재와 기존 실링재의 상응성 사전 확인

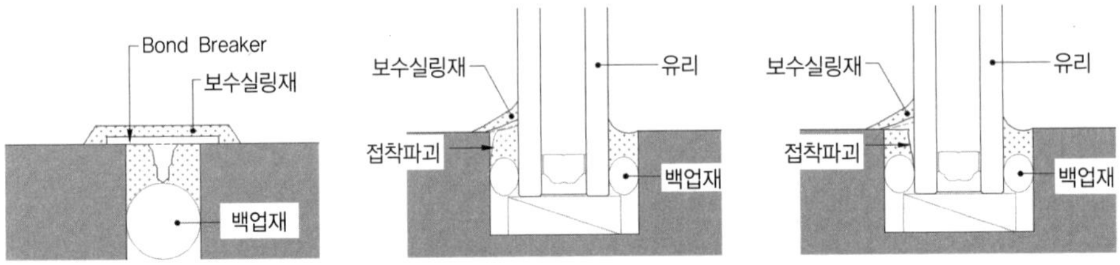

그림 3.15 **보수 시공 방법(덧씌우기 방법)**

2) 구도막 제거 이후의 실링재 시공 순서 및 주의 사항은 실링재 시공 방법 및 주의 사항과 동일하게 적용한다.

CHAPTER 4

적용 용도별 검토사항

4.1 창 글레이징

4.1.1 개요

유리 또는 아크릴, 폴리카보네이트 등을 창에 끼우고, 그 줄눈에 수밀, 기밀을 위하여 실링재를 이용하여 충전하는 작업이다.

4.1.2 형상 및 설계

개스킷이 아닌 실링재를 사용하는 글레이징의 경우 유럽, 미국, 일본의 표준 가이드와 유사하게 위와 같은 형태로 적용하는 것을 추천하나, 국내 창호규격 및 시공 현실을 감안하여 유리업체 및 창호 시공업체의 표준 시공 가이드를 우선으로 따른다. 향후 미국, 일본 및 유럽의 창호 시공공법을 국내에 점차적으로 도입, 적용하는 것이 필요하다. 글레이징 용도의 실링재는 KS F 4910 G형의 기준을 만족하는 제품을 우선으로 사용한다.

4.1.3 설계상의 포인트

일반적으로 유리는 태양광을 투과하기 때문에 접착층이 자외선에 의해 열화하고 접착파단이 단시간에 발생하는 경향이 있다. 따라서 내자외선성이 우수한 실리콘계 실링재 적용을 원칙으로 한다.

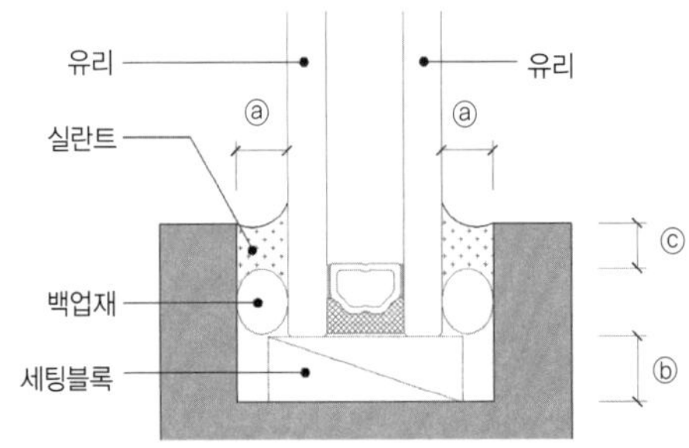

그림 4.1 **창 글레이징 형상**

표 4.1 **창 글레이징 설계 포인트**

구분	역할	설계 포인트
ⓐ 공차(clearance)	• 유리의 열파손 방지를 위해 삽입 • 수밀처리를 위한 공간 확보 • 설계 오차의 흡수	• 백업재, 세팅블록 변색 확인(상응성 확인 목적) • 외부의 빗물배수를 위해 경사면 유지 • 실링재 적용 가능 공간 확보 필요
ⓑ 세팅블록	• 유리의 열파손 방지를 위한 공간 확보	• 유리 열팽창 변형률 확인
ⓒ 유리물림(bite)	• 유리를 프레임에 고정할 때 적용되는 유리의 깊이	• 실링재 적용 가능 공간 확보 필요

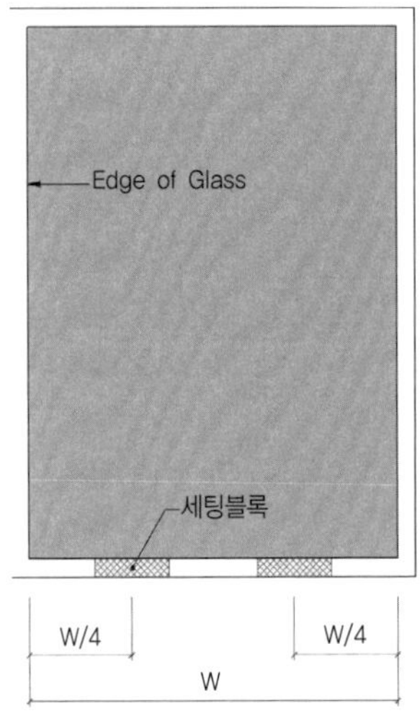

그림 4.2 **세팅블록의 위치(경도 85±5 재료를 사용하며, W/4 내에 위치하도록 설계)**
[인용 : GANA(General guideline for glazing)]

4.1.4 시공 시 주의사항

① 접합유리(2매 이상의 판유리 사이에 PVB 등 필름을 접착하여 만든 유리)의 필름층과 실링재가 접촉하면 실링재의 성분에 의하여 접착력 저하, 필름층 수축, 뜸, 변색 등이 발생할 수 있으므로 사전에 확인할 필요가 있다.

② 에너지절약이나 낙하 방지를 위한 필름 부착 시 실링재는 반드시 유리면에 직접 접착되도록 시공하여야 한다. 필름면에 실링재가 접착되면 반복되는 움직임으로 인하여 필름층이 유리면에서 떨어질 수 있기 때문이다.

③ 필름 또는 보양재가 붙어 있던 부분의 점착제는 반드시 용제를 이용하여 제거 후 실링재 시공을 한다.

④ 지하주차장 입구 지붕이나 방음벽 등에 주로 사용하는 폴리카보네이트 패널의 글레이징 시에는 알코올형 실리콘 실링재를 사용한다. 일반적으로 사용되고 있는 옥심경화형 실리콘 실링재는 경화 시 발생하는 성분에 의하여 솔벤트 크랙을 발생시킬 수 있기 때문이다.

4.2 구조용 글레이징

4.2.1 개요

① 창 글레이징과 비교하여 유리가 창틀에 끼워지는 방식이 아닌, 유리가 실링재의 접착력만으로 멀리언(mullion) 또는 트랜섬(transom)에 고정되는 방식에 사용되는 실링

② 구조용 글레이징 실링재는 관련된 국내 KS 규격이 제정되기 전까지 ISO 28278 Part 1, Part 2의 기준을 우선하여 따른다. 하지만 실링재의 구조용 글레이징 용도 적용의 중요성을 감안하여 현재까지 국내의 많은 현장에 표준규격으로 사용되어 온 ASTM C 1184, ASTM C 1401의 규격 및 가이드를 만족하는 경우 구조용 글레이징에 적용될 수 있다.

그림 4.3 2-side 구조용 글레이징(좌) 4-side 구조용 글레이징(우) (출처 : ASTM C 1401)

표 4.2 구조용 실링재의 물리적, 기계적 물성 요구사항 (출처 : ASTM C 1184)

특성	조건	시험방법
Rheologic, max		ASTM C 639
Vertical	4.8mm (3/16in.)	
Horizontal	no deformation	
Extrudability, max	10 s	ASTM C 603
Hardness, Shore A	20–60	ASTM C 661
Heat aging		
Weight loss, max	10%	
Cracking	none	
Chalking	none	
Tack–free time, max	no transfer in 3 h	ASTM C 679
Tensile value, min		ASTM C 1135
Standard conditions:	345 kPa (50 psi)	
88℃ (190℉)	345 kPa (50 psi)	
–29℃ (–20℉)	345 kPa (50 psi)	
Water immersion	345 kPa (50 psi)	
5000–h weathering	345 kPa (50 psi)	
Shelf life, min	6 months	ASTM C 1184 (8.7)
Color	as specified	ASTM C 1184 (8.8)

4.2.2 형상 및 설계

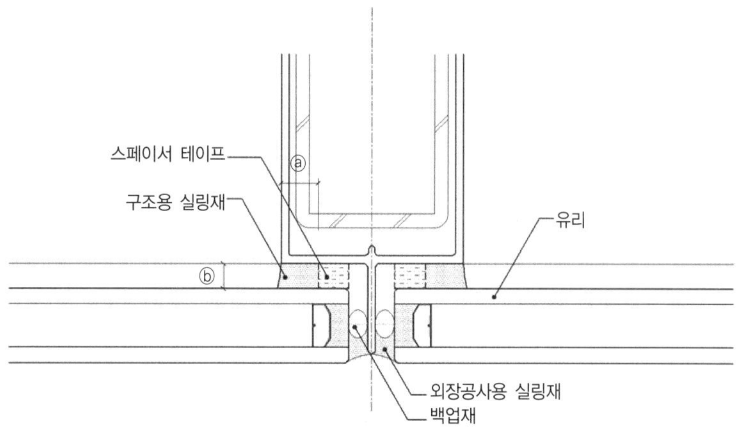

그림 4.4 **구조용 실링재가 적용되는 커튼월 형상**
ⓐ : Structural bite(S/B) ⓑ : Glueline thickness (G/T) ⓐ,ⓑ≧6mm

4.2.3 구조 계산 공식

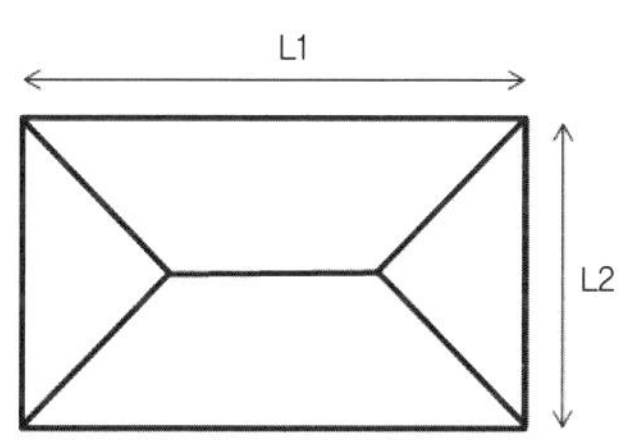

그림 4.5 **직사각형 형태의 사다리꼴 힘 분산 모형(출처 : ASTM C 1401)**

$$S/B = \frac{0.5 \times P \times L2}{F}$$ (구조용 실리콘 바이트 계산 공식)

P : 설계풍압

$L2$: 유리의 단변

F : 실링재 설계강도

예) 설계풍압 2.5KPa, 유리단변 1,000mm, 실링재 설계강도 138KPa(20psi)인 경우 S/B를 구하면 $S/B = 0.5 \times 2.5\text{KPa} \times 1{,}000\text{mm} / 138\text{KPa} = 9.06\text{mm}$ 임

상기 계산공식은 설계풍압만 고려되었으며, 일반적으로 구조용 실리콘 실링재 설계강도는 138kPa을 사용한다.

자중의 지지가 예상되는 구조에는 유리의 자중을 고려하여 계산하여야 한다. 자중에 대한 실링재 설계강도(일반적으로 7kPa)를 구조용 바이트 계산에 사용한다.

$S/B \geq G/T$이어야 하며, 심부경화를 위하여 $(S/B)/(G/T) \leq 3$이어야 함

상기 일반 공식만으로는 모든 경우의 S/B와 G/T를 계산하기 어려우므로, 시공 전 구조용 실링재 제조사에게 정확한 S/B와 G/T 계산을 요청한다.

구조용 실링재로 사용하는 실링재는 내광접착성이 우수한 실리콘계 실링재를 사용하며 구조적인 역할을 고려하여 초기 최대인장강도(ASTM C 1135 시험 기준)가 안전인자 5 : 1 이상을 만족할 수 있는 100psi(690kPa) 이상의 고모듈러스(high modulus) 제품을 우선하여 사용한다.

4.2.4 시공 시 주의사항

① 접합유리(2매 이상의 판유리 사이에 PVB 등 필름을 접착하여 만든 유리)의 필름층과 실링재가 접촉하면 실링재의 성분에 의하여 접착력 저하, 필름층 수축, 뜸, 변색 등이 발생할 수 있으므로 사전에 확인할 필요가 있다.

② 에너지절약이나 낙하 방지를 위한 필름 부착 시 실링재는 반드시 유리면에 직접 접착되도록 시공하여야 한다. 필름면에 실링재가 접착되면 반복되는 움직임으로 인하여 필름층이 유리면에서 떨어질 수 있기 때문이다.

③ 필름 또는 보양재가 붙어 있던 부분의 점착제는 반드시 용제를 이용하여 제거 후 실링재를 시공한다.

④ 실링재와 접촉이 예상되는 스페이서 테이프(spacer tape), 세팅블록(setting block) 등은 변색, 접착성 저하 등의 불량이 발생할 수 있으므로 반드시 사전에 상응성 시험을 실시한다.

⑤ 스팬드럴부분은 내부에서 정상적인 시공이 불가할 수 있으므로 시공품질 관리방안 수립 후 스페이서 테이프와 구조용 실링재의 적용 위치를 바꾸어 외부에서 주입하는 방법으로도 시공할 수 있다.

4.3 외장공사용 실링

4.3.1 개요

석재, AL 시트(sheet), 알루미늄 복합패널, 법랑 등 각종 패널줄눈 및 외부 창호 주변 줄눈과 같은 외부에 노출되어 비, 눈 및 태양 등의 각종 기후조건에 영향을 받는 부분의 실링을 말한다.

외장공사용 실링재는 ISO 11600을 부합화한 KS F 4910 F 기준을 만족하는 제품을 우선하여 등급에 따라 사용하는 용도에 맞게 사용한다. 그 용도의 중요성을 감안하여 ASTM C920 규격을 만족하는 제품도 사용할 수 있도록 한다. 줄눈 설계는 현재까지 국내에서 많이 참조되고 있는 ASTM C 1193의 가이드를 따른다.

국내 외장공사용 실링재로는 내후성·내구성이 우수한 실리콘 제품이 많이 사용되고 있으며 특히 외장마감재가 석재인 경우에는 변성실리콘 제품도 사용되고 있다(외장마감재가 석재인 경우 오염성이 없는 비오염성 제품을 사용하여야 한다.).

석재줄눈 오염을 최소화한 비오염성 실링재의 경우 ISO 16938 Part 1, Part 2의 시험법을 사용 용도에 맞게 평가하여 만족하는 제품을 우선 사용한다. 또한 현재까지 국내

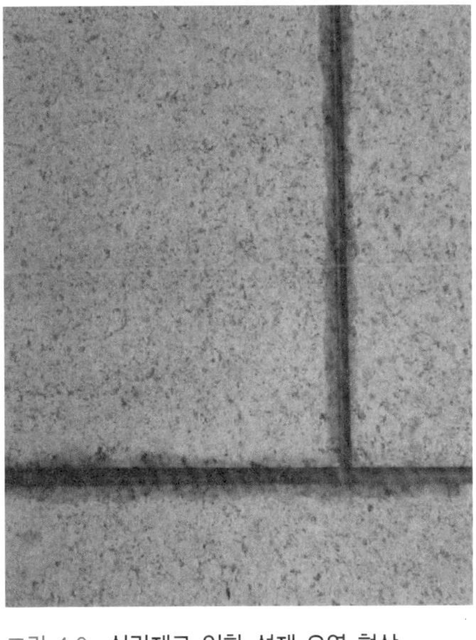

그림 4.6 **실링재로 인한 석재 오염 현상**

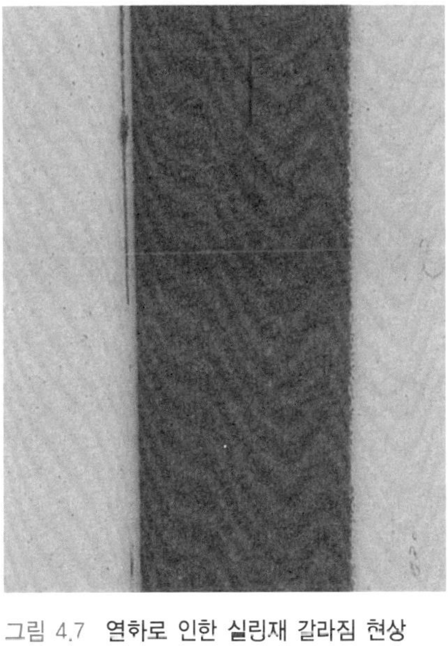

그림 4.7 **열하로 인한 실링재 갈라짐 현상**

에서 많이 참조되고 있는 ASTM C 1248 시험방법을 만족하는 제품도 사용할 수 있도록 한다.

4.3.2 형상 및 설계

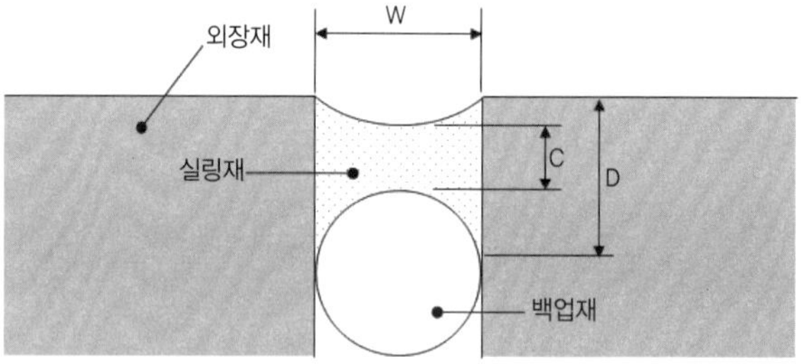

그림 4.8 **외장공사용 실링 형상(W : 실링재 폭, C : 실링재 깊이, D : 접촉면 깊이)**

4.3.3 실링재 폭 계산식 및 주의사항

① 실링재 폭 계산식

$$W = E \div M \times 100 + T(W \geq 6\text{mm})$$

W : 실링재 폭

D : 접촉면 깊이

M : 실링재 움직임 허용치

T : 줄눈 허용오차

E : 자재의 열수축, 팽창 변화=자재의 열팽창계수×자재길이×예상 최대온도 변화)

② 실링재 폭 계산 시 적용하는 예상 최대온도 변화는 사용하는 자재 표면의 온도를 기준으로 하며 상세한 계산식은 ASTM C 1472를 참조한다.

③ 실링재의 폭은 최소 6mm를 확보한다.

④ 실링재의 자재와 접촉면은 최소 6mm를 확보한다. 실링재 깊이는 실리콘 실링재의 경우 최소 3mm가 확보될 수 있도록 한다(단, 비실리콘계의 경우 내구성 확보를 위해 중심부의 깊이를 최소 6mm 이상 확보한다.).

표 4.3 **자재의 열팽창계수**

자재		$\alpha(10^{-6}\cdot°C^{-1})$	자재		$\alpha(10^{-6}\cdot°C^{-1})$	자재		$\alpha(10^{-6}\cdot°C^{-1})$
시멘트	콘크리트	10	인조석	벽돌	5	금속	놋쇠	18.5
	자갈콘크리트	11		구운벽돌	7		아연	36
	석면시멘트	10~12		세라믹타일	6	플라스틱	아크릴	80
자연석	현무암	9		자기류	2.2		경질폴리에틸렌	160~200
	사암	12	유리	실리카유리	0.5		비가소성 PVC	80
	돌로마이트	8		투명유리	9.9		가소성 PVC	20
	운모	13.5	금속	알루미늄	23.5		멜라민수지	40~60
	석고	25		크롬니켈강	17		페놀수지	30~50
	대리석	2~20		구리	16.5		강화유리파이버	10~25
	석회화	7		철재	11.5		폴리에스터	10~25

⑤ 실링재의 두께가 너무 얇으면 내구성이 떨어지게 되는 문제가 발생하고, 너무 두꺼우면 실링재의 움직임에 좋지 않은 영향을 미치므로 1≤W/D≤2, 깊이는 13mm 이하로 유지한다.

추천하는 W와 D의 비율은 아래 그림을 참고한다.

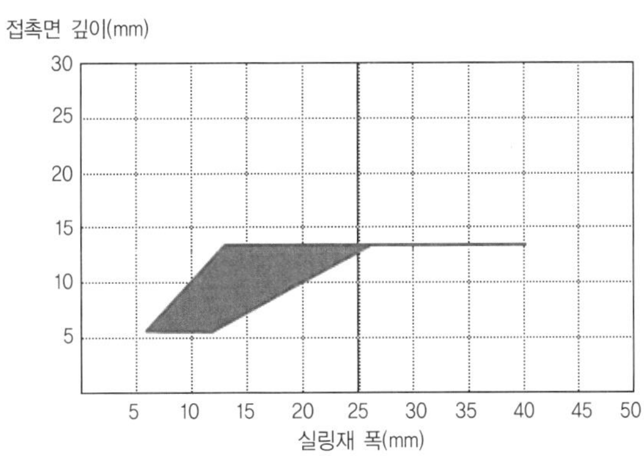

그림 4.9 **실링재 폭과 접촉면 깊이 추천 크기**

⑥ 백업재는 줄눈의 크기보다 25~33% 큰 것을 사용하여 마감(tooling) 시 밀리지 않도록 한다.

⑦ 백업재는 절단하지 않는 것이 원칙이며, 줄눈의 깊이가 낮아 원형 백업재의 적용이 어려울 경우에는 사각 백업재 또는 본드 브레이커(bond breaker)를 사용한다.

4.3.4 시공 시 주의사항

① 거동 줄눈(working joint)의 경우 3면 접착이 발생하지 않도록 백업재, 본드 브레이커를 반드시 사용한다.

그림 4.10 **3면 접착 예**

② 오염이 발생하기 쉬운 자재의 시공 시에는 비오염 실링재를 적용한다.

③ 접합유리(2매 이상의 판유리 사이에 PVB 등 필름을 접착하여 만든 유리)의 필름층과 실링재가 접촉하면 실링재의 성분에 의하여 접착력 저하, 필름층 수축, 뜸, 변색 등이 발생할 수 있으므로 사전에 확인할 필요가 있다.

④ 에너지절약이나 낙하 방지를 위한 필름 부착 시 실링재는 반드시 유리면에 직접 접착되도록 시공하여야 한다. 필름면에 실링재가 접착되면 반복되는 움직임으로 인하여 필름층이 유리면에서 떨어질 수 있기 때문이다.

⑤ 필름 또는 보양재가 붙어 있던 부분의 점착제는 반드시 용제를 이용하여 제거 후 실링재를 시공한다.

4.4 복층유리 제작

4.4.1 개요

복층유리는 2장의 판유리 주위를 간봉으로 일정한 간격을 유지하면서 실링재로 밀봉한 것이다. 간봉은 흡습제가 봉입되어 판유리 간의 공기층을 건조 상태로 유지해주고, 이 밀폐된 공기층의 열저항에 의해 복층유리는 단열효과를 갖게 된다. 공기층의 폭은 일반적으로 6mm 또는 12mm 정도가 쓰이고 있다.

복층유리 제작용 실링재의 선정 시에는 국내 창호규격 및 시공 현실을 감안하여 유리업체 및 창호 시공업체의 표준 시공 가이드를 우선으로 따른다.

복층유리와 관련된 국내 KS규격이 제정되기 전까지 ISO 20492 Part 4의 기준과 KS F 4910을 우선하여 따른다. 하지만 실링재의 복층유리 적용의 중요성을 감안하여 현재까지 국내의 많은 현장에서 표준규격으로 사용되어 온 EN1279-4와 구조용 복층유리 제작을 위한 ASTM C 1249, ASTM C 1369의 규격 및 가이드를 만족하는 경우 구조용 글레이징에 적용될 수 있다.

4.4.2 형상 및 설계

1차 실링재로 PIB실링재, 2차 실링재로서 실리콘, 폴리설파이드, 폴리우레탄 실링재 등을 적용하고 있다.

구조용 복층유리 제작 시에는 현장 및 유리의 크기에 따라 충전하는 실링재의 바이트(B)를 계산하여야 하며 계산식은 다음과 같다.

$$B = \frac{0.5 \times 0.5 \times P \times L2}{F}$$

P : 설계풍압　　$L2$: 유리의 단변　　F : 실링재 설계강도

(상기 계산식은 풍압만을 고려하였으며 복층유리 내외측 유리의 두께가 동일한 경우에 한함. 외측 유리가 프레임 또는 세팅블록에 의해 지지되지 않을 경우 자중을 고려하여 계산해야 한다.)

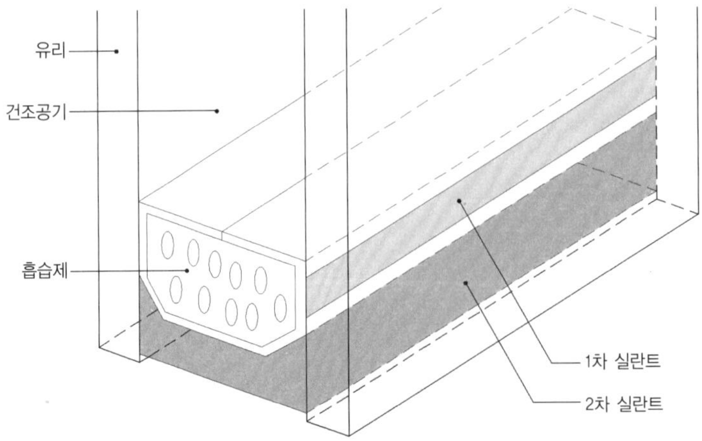

그림 4.11 **복층유리 형상**

4.4.3 제작상의 구성요소

(1) 간봉

간봉은 복층 단열 유리의 봉합부 구성요소로서 두 장의 유리판 사이의 공기층을 만드는 간격을 형성하고 흡습제를 충전할 수 있는 공간을 제공하는 역할을 한다. 간봉의 재료로는 알루미늄, 스테인리스 스틸 및 다양한 소재가 단열성능을 위해 사용이 증가 추세에 있다. 간봉의 필수요소는 강도, 단열성, 숨구멍의 크기이며, 실링재와의 접착 및 상응성을 고려하여야 한다.

(2) 흡습제

간봉 속에 충전되는 흡습제의 역할은 제조과정에 유입되는 습기를 흡착하고 시간이 지남에 따라 공기층 내에 침투하는 물분자를 흡착하여 복층단열유리의 공기층을 지속적으로 건조하게 유지시키는 역할을 한다.

(3) 실링재

1) 1차 실링재[PIB(Poly-IsoButyl) rubber]

PIB 고무는 복층유리 내부로의 수분 침투를 효과적으로 차단하고 변질이 잘 되지 않는 장점이 있다. PIB 고무는 임시로 접착제의 역할을 할 뿐 아니라 가스가 확산되는 것을 방지해주는 기능을 한다. 그러나 PIB 고무는 기계적 접착력이 약하기 때문에 2차 실링재가 필요하다.

2) 2차 실링재(실리콘, 폴리설파이드 외)

복층유리의 2차 실링재는 판유리와 판유리, 판유리와 간봉 사이에 접착력을 부여하는 기능을 한다. 현재 생산되고 있는 복층유리 2차 실링재는 실리콘계, 폴리설파이드계, 폴리우레탄계가 대부분을 차지한다. 구조용 글레이징의 경우 실리콘계 실링재를 사용하도록 한다.

3) 3차 실링재

3차 실링재는 2차 실링재와 접촉하며, 1차 실링재인 PIB 고무에도 영향을 미칠 수 있다. 유기 가소제를 포함한 3차 실링재를 사용할 경우에는 PIB 고무를 녹이는 문제를 발생시킬 수 있으므로, 반드시 적합한 제품을 선정하여 사용하여야 한다.

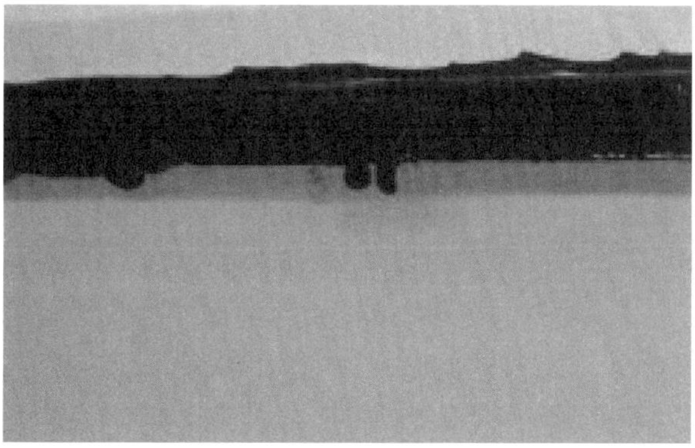

그림 4.12 **유기 가소제에 의한 1차 실링재의 열화현상 발생**

4.4.4 복층유리 제작과정

(1) 1액형 복층유리 2차 실링재

1액형 실링재용 펌프를 사용하여 복층유리를 제작하거나 건을 사용하여 복층유리를 제작하는 방법

그림 4.13 1액형 실링재 펌프 및 시공방법

(2) 2액형 복층유리 2차 실링재

2액형 전용 자동 실링 설비를 사용하여 복층유리 제작

그림 4.14 자동 복층유리 제작 설비(2액형 복층유리 실링재 사용)

4.4.5 제조 시 주의사항

1) **부착 · 상응성 확인** : 모든 자재(간봉, 코팅유리 등)을 선정 시에는 반드시 실링재와 접착성 및 상응성을 사전 검토 후 적용해야 한다.
(접착성시험 : ASTM C 794, 상응성시험 : ASTM C 1087)

2) **설비 노즐 청소 및 관리 철저** : 제품을 오랫동안 사용하지 않을 경우 설비 내에 주제 제품으로만 충전해야 한다. 그렇지 않을 경우 설비의 노즐에서 실링재가 경화되어 혼합불량 현상이 발생할 수도 있다.

3) 2액형 제품인 경우 혼합비, 경화속도, 혼합 상태 등을 확인해야 한다.

4) **경화속도 확인** : 실리콘 제품은 온도에 따라 경화속도가 크게 변화되므로 제품 사용 시 주의가 필요하며, 제조사에서 제공하는 기술자료를 참조하여 주제와 경화제의 혼합비를 조절하여 제품의 작업시간을 조절할 수 있다.

5) 복층유리의 결로, 수밀, 기밀 성능을 유지하기 위해서는 1차 실링재를 설계에 맞춰 균일하게 도포하고 유리와 압착시킨다.

6) 커튼월공법으로 적용되는 건물에는 반드시 관련 규격을 만족하는 구조용 글레이징 실링재가 사용되어야 한다.

7) 외벽 바깥쪽 유리를 실링재로만 잡고 있으므로 안전사고가 발생할 확률이 높기 때문에 실링재의 안전성능 등이 검토된 후 충분한 바이트(bite) 두께 등이 확보되어야 한다.

4.5 방수 및 지붕공사

4.5.1 개요

아파트 주차장, 옥상 바닥 줄눈 등에는 셀프레벨링(self-leveling) 유형의 실링재가 주로 사용된다. 이는 줄눈의 폭이 다른 건축용보다 좁기 때문이며, 사용상의 편의를 위해서도 셀프레벨링 유형의 실링재가 해당 부위에 주로 사용된다. 실링재는 콘크리트 해당 부위의 줄눈에 탄성을 가진 실링재를 채워주어, 온도변화에 의한 콘크리트 팽창 수축을 수용하여 해당 자재의 균열을 방지하는 역할을 하며 이와 더불어 실링재의 주요 역할인 방수의 기능을 하기 위해 주로 사용된다. 또한 이와 같은 용도를 갖는 실링재는 온도차, 자외선, 오존 등의 외부 영향을 직접 받는 부분이 많은 만큼, 실링재의 노화가 다른 부분에 비해 빠르게 진행되기 때문에 이를 염두에 두고 시공해야 한다.

4.5.2 적용 범위

1) 옥상 바닥 틈새
2) 아파트주차장 바닥 틈새

4.5.3 재료의 선택

실리콘계, 우레탄계 및 폴리설파이드계 등 KS F 4910 및 각 공사에서 요구하는 규격을 만족하는 재료

4.5.4 시공방법

1액형 및 2액형 실링재 시공방법에 따라 시공한다.

CHAPTER 5

실링재 시공품질관리 및 사후관리

5.1 일반사항

5.1.1 실링재 취급 및 관리

① 실링재 제조사에서 권고하는 보관조건에 적합한 장소에 보관한다.

② 고온다습한 장소를 피하고 이슬이 맺히지 않는 장소에 보관한다.

③ 실링재 유효기간을 확인하고 유효기간 내의 제품을 사용한다.

5.1.2 피착재 관리

① 실링재 적용 부위의 오일, 먼지, 수분, 성에 등 이물 및 오염물을 실링재 제조사에서 권고하는 세척제와 세척방법을 사용하여 제거한다.

② 접착력 및 프라이머 사용 유무를 결정하기 위해 피착재(유리, 알루미늄, 석재 등)와 실링재의 접착력 시험이 필요하다.

③ 실링재와 접촉되는 각종 자재와의 화학적 안정성을 확인하기 위해 현장에 적용되는 자재에 대한 상응성 시험이 필요하다(실링재 제조사에 기술지원 요청).

④ 실링재 제조사에서 상응성 및 접착 시험을 통과한 제품과 동일한 자재를 현장에 시공한다.

⑤ 실링재 적용 전에 사전 접착성 시험을 통해 프라이머의 필요 유무를 확인한다.

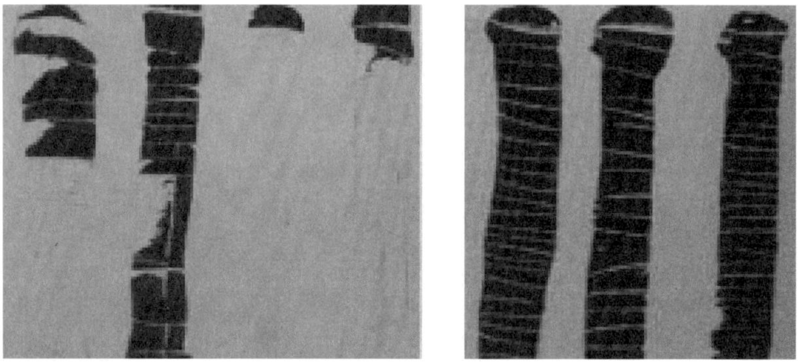

그림 5.1 **접착성 시험결과(좌 : 접착 불량, 우 : 접착 양호)**

⑥ 실링재 적용 전에 사전 상응성 시험을 통해 변색, 접착 여부를 확인한다.

그림 5.2 **상응성 시험**

5.1.3 작업현장관리

① 옥외 작업의 경우 강우 및 강설 시 시공을 금지한다.

② 작업현장의 온도는 5~35℃, 습도는 85% 이하로 유지하도록 권장한다.

③ 실링재 제조사에서 권고하는 경화시간 전에 이동을 금지한다.

5.2 시공품질관리

5.2.1 1액형 실리콘 실링재

① 매일 또는 새로운 Lot 제품 사용 시 표면경화 시험을 실시한다.
(시공 전 실링재 상태에 대한 검증차원에서 시험이 필요하며, 제품 요구값과 차이가 발생하였을 경우는 제품 이상이므로 시공을 중지하고 제조사에 기술지원을 요청)

② 표면경화 시험 : 실리콘 실링재를 깨끗한 폴리에틸렌 시트 위에 1mm 두께로 도포한 후 몇 분 간격으로 손가락을 이용하여 표면경화를 측정한다. 표면을 살짝 접촉하여 손가락에 실리콘 실링재가 묻어나지 않는 시점을 표면경화 시간으로 정한다. 표면경화 시간은 온도와 습도조건에 따라 차이가 발생할 수 있다.

그림 5.3 **표면경화 시험**

5.2.2 2액형 실리콘 실링재

1) 경화제는 사용 진에 충분히(1~2분 이상) 혼합한다.
2) 주기적인 실링재 품질검사(표면경화 시험, 글라스 시험 및 버터플라이 시험, 스냅타임 시험)를 펌프 가동 전, 주제 및 경화제 교체 시 실시한다.
3) 글라스 시험

깨끗한 유리에 실리콘 실링재를 도포한 후 다른 유리를 덮어서 누른 다음 실리콘 실링재의 색상 균일성을 확인한다. 색상이 균일하지 않을 경우 주제와 경화제 혼합과정에서 문제가 발생한 것으로 판단할 수 있다. 이러한 경우 경화 후 물성이 요구값과 다를 수 있으므로 펌프장비 및 실링재 제조업체에 기술지원을 요청한다.

그림 5.4 **글라스 시험 결과(좌 : 정상적 혼합, 우 : 비정상적 혼합)**

4) 버터플라이 시험

깨끗한 종이 한쪽 면에 실리콘 실링재를 도포한 후 종이를 절반으로 접은 다음 누른 후 폈을 때 균일한 색상 발현 여부를 확인한다. 색상이 균일하지 않을 경우 주제와 경화제의 혼합과정에서 문제가 발생한 것으로 판단할 수 있다. 이러한 경우 경화 후 물성이 스펙과 다를 수 있으므로 펌프장비 및 실링재 제조업체에 기술지원을 요청한다.

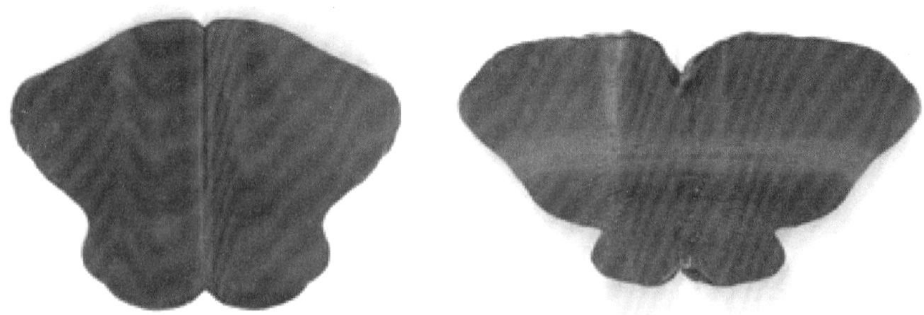

그림 5.5 **버터플라이 시험 결과(좌 : 정상적 혼합, 우 : 비정상적 혼합)**

5) 스냅타임 시험

비어있는 용기에 혼합된 실리콘 실링재를 주입한 후 일정 시간 경과 후 손목의 스냅을 이용하여 막대기를 당긴다. 이때, 실링재가 실처럼 늘어나지 않고 끊어지는 것을 확인하였을 때까지 걸린 시간을 스냅타임으로 한다. 스탭타임 측정 후 제품 스펙과 비교한다. 측정결과와 제품 스펙의 차이가 발생할 경우 실링재 제조업체에 기술지원을 요청한다. 스냅타임은 온도와 습도조건에 따라 차이가 발생할 수 있다.

그림 5.6 **스냅타임 시험(좌 : 스냅타임 미도달, 우 : 스냅타임 도달)**

6) 비드 시험(bead test)

실링재 사용 시 경화 혹은 색상의 문제가 발생할 경우 비드 시험 및 혼합비 확인을 실시한다.

펌프를 작동하여 혼합된 실리콘 실링재를 연속적으로 길게 도포한 후 약 3시간 경과 후 비드의 표면 및 심부경화 여부를 확인한다. 표면 미경화가 발생할 경우 펌프장비 및 실링재 제조사에 기술지원을 요청한다.

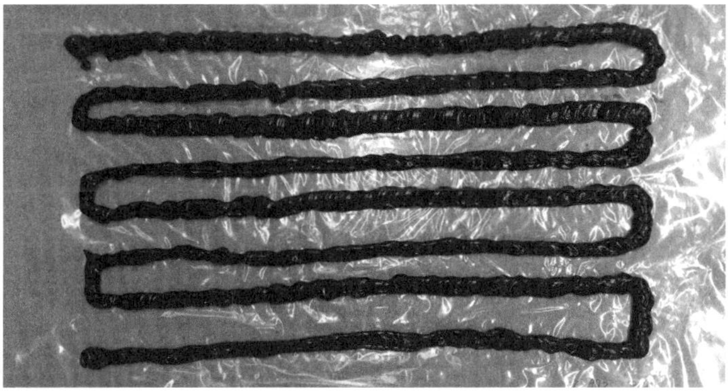

그림 5.7 **비드 시험**

7) 혼합비 확인

펌프에서 토출하는 주제와 경화제의 혼합비 확인이 필요하다. 혼합비는 펌프 장비의 믹서, 믹싱블록, 밸브 등에 의해 추가적인 영향을 받을 수 있으므로 자세한 혼합비 확인방법은 펌프 제조사에 기술지원을 요청한다.

5.2.3 폴리설파이드계 실링재

(1) 혼합성과 저장 안정성

이소시아네이트 경화형의 경우, 기제와 경화제의 혼합이 충분하지 않을 때 소정의 물성을 얻을 수 없다. 또한 소정의 혼합비가 확보되지 않는 경우에도 동일한 현상이 나타난다. 따라서 경화제는 반드시 전량 투입해서 교반기를 이용해 균일하게 교반하는 것이 필요하다. 금속산화물 경화형은 경화제에 비중이 높은 금속산화물을 분산하고 있기 때문에, 장기간 고온에 방치하면 분리하여 경화성능이 저하되는 것이 있다.

(2) 도장 적응성

함유된 가소제 등의 확산에 의해 표면의 마감도장재나 도료를 변색이나 연화시키는 경우가 있으므로 표면마감을 할 경우에는 사전에 충분히 검토할 필요가 있다.

(3) 경화 저해(inhibition)

이소시아네이트 경화형의 경우 실리콘계와 변성실리콘계 실링재가 경화되지 않은 상태에서 인접해서 사용하게 되면 발생한 반응생성물이 우레탄 프리폴리머와 반응하여 표면의 경화가 저해된다. 따라서 동시에 시공하는 것을 피할 필요가 있다.

(4) 작업성

시공시의 환경온도에 의한 가사시간과 경화시간의 변화가 크다.

(5) 인체에 미치는 영향

금속경화물 경화형의 경우 경화제에 포함되어 있는 이산화납은 납중독 예방 규칙에 의해 규제되고 있기 때문에 해당 규칙에 맞춰서 취급할 필요가 있다.

5.3 시공 후 품질관리

5.3.1 시공 후 실링재 관리

① 시공 후 미경화된 실링재의 표면은 손이나 기타 자재에 의하여 훼손되지 않도록 주의가 필요하다.

② 실링재 경화 전 자재의 이동이나 하중에 의한 움직임이 발생하지 않도록 주의가 필요하다.

③ 각 제조사에서 권고하는 경화시간이 지난 후 자재를 이동한다.

5.3.2 공장 시공 시 접착성 확인(디글레이징 시험)

(1) 개요

디글레이징 시험은 커튼월 유닛과 같이 공장에서 적용하는 구조용 실리콘 실링재의 품질 확인을 실시하는 데 사용하는 시험방법이다.

(2) 디글레이징 시험 시 확인사항

① 디글레이징 시험을 통해 접착너비 및 접착깊이(구조용), 줄눈너비 및 실링깊이(웨더용)를 측정하여 설계 도면과 일치 여부를 확인한다.

② 육안검사 및 접촉시험을 통해 실링재의 혼합 및 경화 균일성을 확인한다.

그림 5.8 **구조용 실링재 디글레이징 작업(좌), 유리를 제거한 후 실링재 충전 상태(우)**

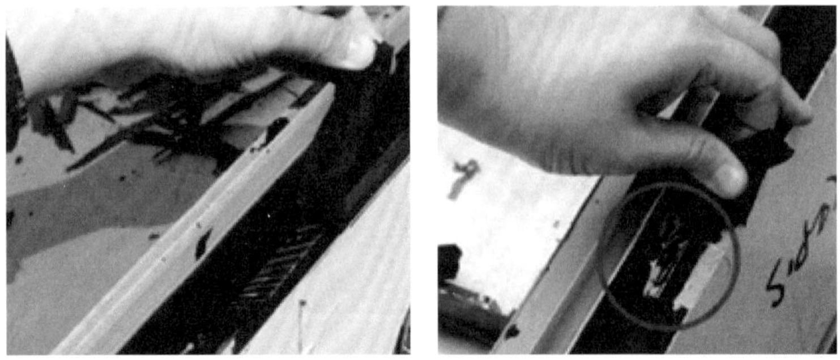

그림 5.9 **디글레이징 후 실링재 접착 상태(좌 : 양호한 경우, 우 : 불량한 경우)**

(3) 디글레이징 시험 빈도

유닛공정에서 디글레이징 시험 빈도 권고사항은 아래와 같다.

표 5.1 **디글레이징 시험 빈도(권고사항)**

차수	시편 수	누적 비율
1차	10개 중 1개	1/10
2차	40개 중 1개	2/50
3차	50개 중 1개	3/100
3차 이후	100개 중 1개	4/100

(4) 디글레이징 시험결과 관리

① 디글레이징 시험 후 시험결과서 작성 및 관리가 필요하다.

② 디글레이징 시험 결과서 명기 사항(시험주체 및 책임소재 명기)

③ 디글레이징 시험은 실링재 제조사에서 권고하는 방법 및 주기에 따라 유닛 제작 업체에서 실시한다. 주기적으로 디글레이징 시험 결과를 실링재 제조사와 공유하여 시공 및 시험의 적절성 여부를 판단한다.

④ 현장명, 제작일자, 유닛번호, 디글레이징 날짜, 적용 제품명(프라이머 포함), Lot 번호, 도면 접착너비 및 두께, 측정된 접착너비 및 두께, 합격 유무와 검수자의 의견을 명기하여야 하며, 제작업체 또는 실링재 제조사에서 배포하는 양식에 따른다.

5.3.3 건축현장 접착성 시험

(1) 개요

현장에서 적용하는 실링재의 경우 실링재가 완전히 경화한 후 현장에서 접착성 확인을 진행한다. 시험은 현장 작업자가 실시하며 시험결과를 기록하여 보관한다.

(2) 접착성 시험 주기

① 초기 300m : 5회

② 이후 300m : 1회

(3) 현장 접착성 시험방법

① 적용된 실링재를 수평 방향으로 절개한다.

② 약 75mm 정도 수직으로 절개한다.

③ 절개된 실링재를 90도 각도로 천천히 잡아당긴다.

④ 실링재가 파괴된 부분에서 실링재와 피착재와의 접착성 여부를 확인한다.

⑤ 실링재가 파괴된 부분을 육안으로 관찰하여 실링재가 적절히 시공되었는지 확인한다.

⑥ 접착성 시험결과는 품질관리 양식에 기록한다.

⑦ 시험이 끝난 부분에서 시편을 제거하고 동일한 실링재로 보수를 실시한다.

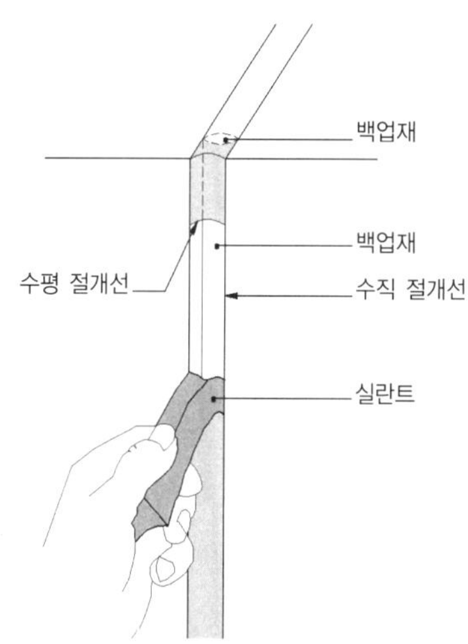

그림 5.10 **건축현장 접착성 시험**

5.4 기타

5.4.1 2액형 실리콘 실링재용 펌프관리

① 장비 제작사의 매뉴얼과 유지보수 지침을 준수한다.

② 주제와 경화제는 공기와의 접촉 차단이 필요하다.

③ 개스킷, 플레이트, 필터, 믹서, 호스 등 소모성 부품은 주기적인 정비 및 교체가 필요하다.

④ 장비 내 윤활유 등 오일성분이 제품에 침투하지 않도록 주의가 필요하다.

⑤ 혼합라인 세척 시 제조사에서 권장하는 세척제를 사용하고 제품에 혼입되지 않도록 주의가 필요하다.

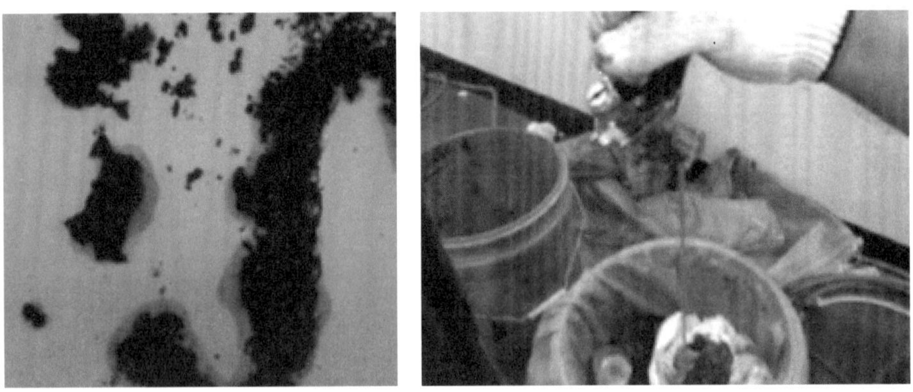

그림 5.11 **2액형 펌프 관리(좌 : 경화제 라인 불순물, 우 : 펌프 부품 청소)**

⑥ 작업이 끝난 후에는 혼합라인의 경화를 방지하기 위해 혼합라인을 주제로 세척하고 주제로 충전한다.

5.4.2 시공관리 표

① 실링재 사용자는 품질관리에 대한 책임이 있다.

② 실링재 제조사에 실링재의 보증을 요청할 경우 품질관리 기록을 통해 제조사의 검증을 받아야 한다.

③ 품질관리 서식은 각 제조사에 따라 다르며 제조사의 요청에 따라 품질관리 기록을 작성하여야 한다.

표 5.2 **품질관리 서식**

<table>
<tr><td colspan="4">회사명 :</td><td colspan="4" rowspan="2">시공장소 :</td></tr>
<tr><td colspan="4">프로젝트명 :</td></tr>
<tr><td>작업일자</td><td>시간</td><td>온도/습도</td><td>주제
Lot No.</td><td>경화제
Lot No.</td><td>스냅타임</td><td>작업자</td><td>기타</td></tr>
<tr><td></td><td></td><td></td><td></td><td></td><td></td><td></td><td></td></tr>
<tr><td></td><td></td><td></td><td></td><td></td><td></td><td></td><td></td></tr>
<tr><td></td><td></td><td></td><td></td><td></td><td></td><td></td><td></td></tr>
<tr><td></td><td></td><td></td><td></td><td></td><td></td><td></td><td></td></tr>
<tr><td></td><td></td><td></td><td></td><td></td><td></td><td></td><td></td></tr>
<tr><td></td><td></td><td></td><td></td><td></td><td></td><td></td><td></td></tr>
</table>

CHAPTER 6

실링재 관련 법규 및 규격

6.1 개요

실링재와 관련한 법규와 규격은 요구 성능에 따라서 다양한 기준을 적용한다. 각 공정에 맞는 실링재를 선정할 때 관련 법규와 규격에 적합한 제품을 사용하여야 하며, 관련된 법규와 규격에 대한 증빙을 제시하여야 한다.

업체가 제공하는 증빙자료와 현장 공급되는 제품의 적합성 및 품질 균일성을 확인하기 위해 프로젝트 공사 담당 또는 품질관리 담당은 해당 현장에 반입된 실링제품의 임의의 Lot를 샘플링하여 관련 법규 및 규격에 적합한 제품임을 공인 기관을 통해 점검하여 품질에 이상이 없음을 확인한다.

6.2 관련 법규 및 기준

6.2.1 환경, 안전 및 보건

(1) 산업안전보건법

제41조 물질안전보건자료(MSDS) 작성 및 비치

(2) 유해 화학물질관리법

① 위험물질, 관찰물질, 취급제한 및 금지물질, 사고대비물질 등에 관한 규정 (위험물질 및 위험물질 포함 화합물 또는 혼합물에 대한 표시 의무 규정)

② 취급제한 및 금지물질에 관한 사용제한 규정 안내

③ 기존 및 신규화학물질 신고(화학물질 등록 및 평가 등에 관한 법률 15.01)

(3) 위험물안전관리법

(4) 폐기물관리법

6.2.2 친환경 자재

1) 다중이용시설 등의 실내공기질관리법(제11조1항 및 동법 시행규칙 제10조)

표 6.1 **오염물질 방출기준 -실링재** (단위 : mg/m · h)

오염물질	포름알데히드	TVOCs	톨루엔
실링재	0.12	1.5	0.08

※ TVOCs 총휘발성 유기화합물의 방출농도

2) 친환경건축자재 단체품질 인증제도(HB마크)

(단위 : mg/m^2h)

오염물질	포름알데히드(HCHO)	TVOCs	5VOCs
최우수 ♣♣♣♣♣	0.010	0.25	0.075
우수 ♣♣♣♣	0.010~0.030	0.25~0.75	0.22
양호 ♣♣♣	0.030~0.050	0.75~2.5	0.75

※ 5VOC : 신축 공동주택의 실내공기질 물질 (벤젠, 톨루엔, 에틸벤젠, 자일렌, 스티렌)

※ 5VOC에서 Toluene은 0.08 mg/m^2h 미만이어야 한다.

6.2.3 내화 및 방화성능

1) 건축법 제50조(건축물의 내화구조) 및 52조(건축물 마감재료)
건축법 시행령 제56조(내화구조) 및 제61조(마감재료)

2) 건축물의 피난 · 방화구조 등의 기준에 관한 규칙(국토해양부령 제238호(2015.10.07 일부개정))

① 제24조 건축물의 마감재료

② 불연재료, 준불연재료 또는 난연재료 적용

3) 내화구조의 인정 및 관리기준(국토해양부고시 제2014-200호)

① 제21조 내화충전구조의 적용

② 내화충전구조 세부운영 지침(건설기술연구원-국토해양부 장관 승인)

4) 건축물 마감재료의 난연성능 및 화재확산 방지구조기준(국토해양부고시 제2012-624호)

6.2.4 시공 기준

① 건축공사표준시방서

② LH전문시방서

③ 서울특별시전문시방서

④ 행정중심복합도시 건설공사전문시방서

6.3 관련 규격

6.3.1 실링재 규격(성능 등급 및 분류)

KS F 4910 건축용 실링재

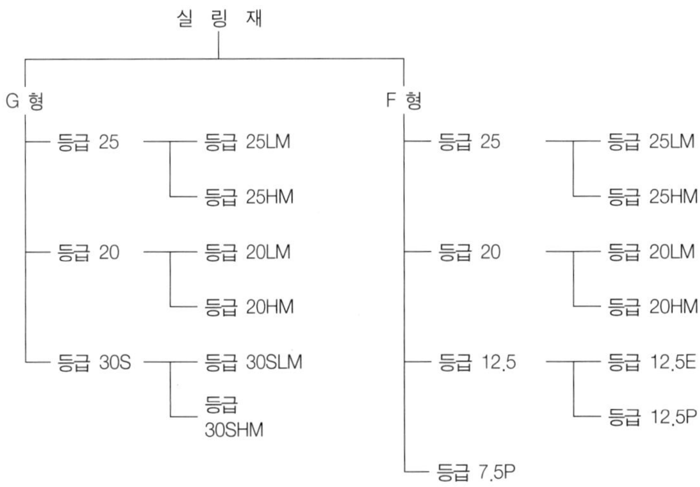

6.3.2 실링재 규격(요구 성능)

KS F 4910 건축용 실링재

표 6.2 **탄성 복원성**

특성			등급						시험방법 KS F 2621
			25LM	25HM	20LM	20HM	30SLM	30SLM	
슬럼프 mm		세로	3 이하						4.1
		가로	3 이하						
탄력복원성 %			60 이상						4.2
인장 특성	줄눈너비의 신장률 %		200(M100)		160(M60)				4.3
	인장응력 N/㎟	23 ℃	0.4 이하	0.4 초과	0.4 이하	0.4 초과	0.4 이하	0.4 초과	
		−20 ℃	0.6 이하	0.6 초과	0.6 이하	0.6 초과	0.6 이하	0.6 초과	
일정 신장하에서의 접착성			파괴되어서는 안 된다.						4.4
압축 가열 · 인장 냉각 후의 접착성			파괴되어서는 안 된다.						4.5
인공광 노출 후의 접착성			파괴되어서는 안 된다.						4.7
수중 침적 후의 일정 신장하에서의 접착성			파괴되어서는 안 된다.						4.8
압축응력 N/㎟			시험결과를 보고한다.						4.10
부피 손실 %			10 이하						4.11

표 6.3 **탄성 복원성**

<table>
<tr><th colspan="3" rowspan="2">특성</th><th colspan="7">등급</th><th rowspan="2">시험방법
KS F 2621</th></tr>
<tr><th>25LM</th><th>25HM</th><th>20LM</th><th>20HM</th><th>12.5E</th><th>12.5P</th><th>7.5</th></tr>
<tr><td colspan="2" rowspan="2">슬럼프 mm</td><td>세로</td><td colspan="7">3 이하</td><td rowspan="2">4.1</td></tr>
<tr><td>가로</td><td colspan="7">3 이하</td></tr>
<tr><td colspan="3">탄력복원성 %</td><td colspan="2">70 이상</td><td colspan="2">60 이상</td><td>40 이상</td><td>40 미만</td><td>–</td><td>4.2</td></tr>
<tr><td rowspan="4">인장 특성</td><td colspan="2">줄눈너비의 신장률 %</td><td colspan="2">200(M100)</td><td colspan="2">160(M60)</td><td colspan="3">–</td><td rowspan="4">4.3</td></tr>
<tr><td rowspan="2">인장 응력 N/㎟</td><td>23 ℃</td><td>0.4 이하</td><td>0.4 초과</td><td>0.4 이하</td><td>0.4 초과</td><td colspan="3" rowspan="2">–</td></tr>
<tr><td>-20 ℃</td><td>0.6 이하</td><td>0.6 초과</td><td>0.6 이하</td><td>0.6 초과</td></tr>
<tr><td colspan="2">파괴 시 신장률 %</td><td colspan="5">–</td><td>100 이상</td><td>20 이상</td></tr>
<tr><td colspan="3">일정 신장하에서의 접착성</td><td colspan="5">파괴되어서는 안 된다.</td><td colspan="2">–</td><td>4.4</td></tr>
<tr><td colspan="3">압축 가열 · 인장 냉각 후의 접착성</td><td colspan="5">파괴되어서는 안 된다.</td><td colspan="2">–</td><td>4.5</td></tr>
<tr><td colspan="3">확대 · 축소 반복 후의 접착성</td><td colspan="5">–</td><td colspan="2">파괴되어서는 안 된다.</td><td>4.6</td></tr>
<tr><td colspan="3">수중 침적 후의 일정 신장하에서의 접착성</td><td colspan="5">파괴되어서는 안 된다.</td><td colspan="2">–</td><td>4.8</td></tr>
<tr><td colspan="3">수중 침적 후의 접착성 파괴 시의 신장률 %</td><td colspan="5">–</td><td>100 이상</td><td>20 이상</td><td>4.9</td></tr>
<tr><td colspan="3">부피 손실 %</td><td colspan="4">10 이하</td><td colspan="3">25 이하</td><td>4.11</td></tr>
</table>

6.3.3 KS 시험방법

KS F 2271	건축물의 내장재료 및 구조의 난연성 시험방법
KS F 2621	건축용 실링재 시험방법
KS F ISO 1182	건축재료의 불연성 측정방법
KS F ISO 5660-1	연소성능시험–열 방출, 연기 발생, 질량감소율–제1부 : 열 방출률(콘칼로리미터법)
KS F ISO 13640	건축용 실링재의 시험용 피착체 제작방법

KS L ISO 12569	건물 열성능－건물 내 환기 측정－추적 가스 희석법
KS M 1998-1	건축 내장재의 포름알데히드 및 휘발성 유기화합물 방산량 측정－제1부 : 일반사항
KS M 1998-2	건축 내장재의 포름알데히드 및 휘발성 유기화합물 방산량 측정－제2부 : 소형 체임버법
KS M ISO 16000-3	실내공기－제3부 : 포름알데히드와 카르보닐 화합물의 측정법－액티브 샘플링법
KS M ISO 16000-6	실내공기－제6부 : 흡착제 Tenax TA상에서의 활성 시료 채취, 열탈착 및 MS/FID를 이용한 가스크로마토그래피에 의한 실내 및 체임버 공기 중의 휘발성 유기화합물 측정
KS M ISO 16000-9	실내공기－제9부 휘발성 유기화합물의 방출 측정법－방출시험 체임버법
KS M ISO 16000-11	실내공기－제11부 휘발성 유기화합물의 방출 측정법－시료 채취, 보관 및 시험편 제작

6.3.4 참조 자료

① 국제기준 : ISO

② 미국 : AIA MASTERSPEC, ASTM, AAMA

일본 : 표준시방서 및 감리지침, JIS, 일본실링재공업회

CHAPTER 7

부록

용어정리 및 관련 규격 목록

7.1 용어정리

7.1의 용어정리는 KS F 4910의 부속서 1의 용어집의 용어를 제외하고 ASTM, ISO, 건축공사표준시방서, 일본실링공업협회 용어정리를 참조하여 정리하였습니다.

7.1.1 일반 용어

(1) ASTM(American Society for Testing and Materials)

미국 재료시험협회

(2) ISO(International Organization for Standardization)

국제 표준화 기구

(3) JISC(Japanese Industrial Standards Committee)

일본 공업규격조사회

(4) MSDS(Material Safety Data Sheet)

세조사명, 제품명, 성분 및 물성, 취급상의 주의사항, 적용 법규, 사고 시의 응급처

치 방법 등 화학물질을 안전하게 사용하고 관리하기 위하여 필요한 정보를 포함하는 데이터 시트

(5) 가교, 가교 반응(crosslinking)

선형 폴리머 또는 프리폴리머가 상호 결합하거나 경화제와 반응하여 그물망 형태와 같은 망상 폴리머로 경화되는 현상으로, 가교되어 경화된 폴리머는 플라스틱이나 고무가 됨. 고무의 경우, 가황(vulcanization)과 같은 의미로 사용됨

(6) 가소제(plasticizer)

플라스틱이나 고무에 유연성을 부여하기 위해 첨가하는 액상물질

(7) 가황, 가황반응(vulcanization)

생고무에 황을 가해서 탄성에 변화를 주는 조작을 말하나, 오늘날에는 그 뜻을 확대하여 가소성의 고분자 물질을 탄성물질로 변화시키는 화학반응(경화반응)을 총칭함

(8) 건식공법(dry construction method)

시공과정에 물이나 용제 등의 액체를 사용하지 않는 공법

(9) 경화제(curing agent, hardener)

열경화성 수지에 첨가하여 반응시킴으로써 그 수지를 3차원 그물 구조화하여 경화시키는 기능이 있는 물질. 경화 후 경화제 자체가 경화된 물질의 분자 골격의 일부가 되는 유형과, 단순히 수지의 경화반응만을 촉진시키는 유형으로 나누어짐

(10) 균열유발 줄눈(control joint)

온도변화에 의한 수축 팽창 및 건조 수축 등에 의해 발생되는 콘크리트의 균열을, 일정한 부위에 집중시키는 것을 목적으로 설치되는 줄눈

(11) 다공성 자재(porous substrate)

액상물질이 쉽게 흡수되는 자재. 석재나 벽돌 및 콘크리트 등이 대표적임

(12) 닫힌 기포(독립기포)

독립 기포, 클로우즈드 셀. 기포가 서로 완전히 독립되어 있으며, 손상이 없는 완전한 벽(Cell Wall)에 둘러싸여 있는 기포의 형태. 단열재 또는 일반 줄눈용 원형 PE(폴리에틸렌) 백업재가 이 분류에 포함됨.

(13) 레이턴스(laitance)

콘크리트 타설 후 양생과정에서, 콘크리트 성분의 일부가 잉여의 물과 함께 부상되어 콘크리트 표면에서 경화된 약한 강도의 불완전한 경화물 층. 성분의 대부분은 미립형의 시멘트 성분이며, 부착력과 수밀성이 불량하여 콘크리트 이어치기나 코팅재 및 실링재 등을 시공하기 전에는 반드시 제거하는 것이 원칙.

(14) 모노머(monomer)

단량체. 화합물의 구조단위로서 이들 자체 또는 다른 구조단위와 결합함으로써 올리고머 또는 폴리머를 형성하게 됨. 예를 들면 에틸렌 모노머들이 반응하여 폴리에틸렌 폴리머가 됨.

(15) 무브먼트(movement)

거동. 지진, 풍압, 온도변화 등이 원인으로 건축물을 구성하는 부재의 접합부에 생기는 각종 움직임.

(16) 방수(waterproofing)

수분이나 습기의 침입 및 투과를 방지하는 일

(17) 백화(efflorescence)

석재, 콘크리트 및 벽돌의 표면에서 석회성분 등의 백색 결정이 석출 및 고착되어 발생하는 오염현상

(18) 블리딩(bleeding)

번짐. 재료가 경화과정 중 또는 경화된 이후에, 반응하지 않는 일부 성분(가소제 등)

이 재료로부터 분리되어 표면으로 떠오르거나 배어나오는 현상

(19) 블루밍(blooming)

고무 표면에 제품에 포함된 성분의 일부가 스며나와 꽃 모양과 같은 얼룩이 발생하는 현상

(20) 전색제(vehicle, binder)

안료를 포함하는 도료나 실링재에 있어서, 안료 및 충전재 이외의 액상 성분을 의미함.

(21) 사이딩(siding)

건축물의 외벽에 사용하는 패널 또는 재료. 일반적으로는 건축의 외장마감재

(22) 설계수명(design life)

피로설계를 위해 특정되는, 피로에 대한 부재나 접합부의 수명의 값

(23) 습식공법(wet construction method)

시공과정에서 액체 상태로 시공된 후 경화 또는 응결됨으로써 최종 마감되는 공법

(24) 시공줄눈, 시공이음(construction joint)

콘크리트의 타설계획에 따라 발생하는 콘크리트 구조체의 이어치기 부위. 구조체의 수밀성 확보를 목적으로 실링재 충진을 위해 콘크리트의 타설 전 면목 설치 등을 통해 적합한 크기의 줄눈을 만들어 놓는 것이 원칙

(25) 신축줄눈, 신축이음(expansion joint)

건물의 부동침하나 온도변화에 따른 수축 팽창, 지진 및 진동 등에 의한 구조물 피해(균열이나 변형)를 막기 위해 인위적으로 구조재를 분리하여 시공함으로써 발생되는 줄눈

(26) 실

① Seal : 각종 틈(구멍)을 통해서 공간과 공간 사이의 물체 이동을 막기 위해 설치하거나 시공하는 차단막

② Sill : 하부 창틀. 하부 인방. 창틀 외부측 하단에 설치되어 물끊기 기능을 하는 부위

(27) 에멀션(emulsion)

물에 고분자 미립자가 유상(乳狀)으로 분산되어 있는 상태. 미립자가 고무인 경우에는 일반적으로 라텍스라 함.

(28) 엘라스토머(elastomer)

탄성중합체. 상온 또는 사용온도 범위 내에서 고무와 같은 탄성을 나타내는 고분자 물질들의 총칭

(29) 역프라이머(reverse primer)

실리콘 실링재와 같이 도료와의 접착이 어려운 제품을 시공하는 경우에 후속되는 도장공사에서 도료의 밀착 및 접착성능 개선을 목적으로 사용하는 프라이머

(30) 열린 기포(open cell)

오픈 셀. 각각의 기포 사이에 벽(cell wall)이 없거나 부분적으로만 존재하여 공간이 서로 연결되어 있는 형태의 기포. 구조용 글레이징 작업에서 통상적으로 사용되고 있는 스페이서 테이프 등이 이 분류에 포함됨.

(31) 풍화(weathering)

재료가 여러 가지 환경조건하에서 시간이 경과함에 따라 물리화학적으로 유해한 변화가 발생하는 것. 고무의 풍화(weathering)는 노화(aging), 플라스틱의 열화에서는 상황에 따라서 degradation으로 혼용되고 있음.

(32) 옥외폭로시험(outdoor exposure test)

자연조건하에서의 실제적인 성능변화를 파악하기 위하여 재료를 옥외에 폭로하는 것. 실링재 시험에 있어서와 같이, 인위적인 무브먼트를 부여하면서 폭로하는 것을 동적 폭로시험이라고 함

(33) 올리고머(oligomer)

저중합체. 폴리머와의 명확히 구분하는 기준은 없으나 단량체(monomer)가 2개 이상 결합되어 있고 분자량이 10,000 이하 정도로, 일반적으로는 액체 상태임.

(34) 요변성(thixotropy)

정치된 상태에서는 유동성이 없지만 전단력을 가하면 일시적으로 유동성이 증가하여 쉽게 흐르게 되며, 다시 정치된 상태가 되면 원래대로 비흐름성인 상태로 돌아가는 성질

(35) 유체 이행(fluid migration)

마이그레이션. 고무 또는 플라스틱 제품에 있어서 성분의 일부가 농도가 높은 쪽에서 낮은 쪽으로 이동, 침투 및 확산해 나가는 현상. 서로 다른 종의 재료가 접촉하고 있는 경우에 많이 일어나는 현상임.

(36) 주제(base compound)

2성분형으로 제조되는 반응경화형 제품에 있어서 주성분이 되는 물질을 포함하고 있는 배합물 일부의 경우 주성분의 유무 이외에 포장된 실량(net weight)이 보다 많은 배합물을 주제로 명명하기도 함.

(37) 충전제(filler)

플라스틱이나 고무의 강도, 작업성, 내구성, 경제성 등을 확보하기 위해서 가하는 물질. 탄산칼슘 등이 대표적

(38) 층간 변위(relative story displacement)

건축물이 바람이나 지진 등에 의한 거동으로 변형이 발생할 때 상하의 층간에 생기는 수평방향의 상대적인 변위

(39) 칙사현상(stringiness)

접착제가 부착된 표면을 분리시킬 때, 접착제 성분이 실처럼 딸려 나오는 현상. 실링재의 툴링작업 중 스페출라나 마스킹테이프 등에 실링재가 실처럼 딸려 나오는 현상을 의미함.

(40) 크레이징(crazing)

잔갈라짐 현상. 실링재 등의 고무나 플라스틱 제품 표면에 발생하는 미세한 균열 현상. 열, 수분 및 자외선 등에 의해 촉진된 재료의 산화에 의해 발생

(41) 폴리머(polymer)

고분자. 다수의 단량체(monomer)가 연속적으로 결합되어 형성된 거대 분자량의 물질. 목재나 단백질 등은 천연 폴리머이며 실링재, 고무 및 플라스틱 등 대다수가 합성 폴리머에 해당함.

(42) 표준 내구수명(standard service life)

일반적인 방법에 의해 표준 지역에 시공된 재료나 부재 또는 건물의 평균적인 내구수명

(43) 표준 조건(standard conditions)

측정 또는 시험을 하기 위한 표준 조건. 대기압에서 상대습도 50±5%, 대기온도 23±1℃인 조건

(44) 프리폴리머(prepolymer)

폴리머를 형성하는 반응을 도중의 단계에서 중지시킨 저중합도의 폴리머. 실링재의 경우는 유동하기 쉬운 프리폴리머의 상태로 경화제와 혼합하여 폴리머가 되도록 반응시킴.

(45) 착색제(coloring agent)

컬러 토너(color toner), 컬러 페이스트(color paste). 착색을 목적으로 첨가하는 페이스트 형태의 혼합물. 보통은 제품(1성분형) 또는 주제(2성분형)에 착색되어 있는 것이 일반적이나 현장에서 별도로 혼합, 교반하여 사용하도록 제조되는 경우도 있음.

(46) 초킹현상(chalking)

백악화현상. 도료, 실링재 및 개스킷 등의 고분자 제품을 자연환경조건에서 장기간 폭로하였을 때, 제품의 열화현상으로 인해 제품에 포함된 안료성분이나 도막의 입자들이 분리되어 하얗게 묻어나오는 현상

(47) 촉진폭로시험(accelerated exposure test, accelerated weathering test)

재료의 내구성 시험 등 결과를 얻기까지 장시간을 요하는 시험을 실제 조건보다 강한 부하를 주어 발생현상을 촉진함으로써 단기간에 수행하는 시험에 대한 총칭

(48) 휘발성 유기화합물(Volatile Organic Compounds)

VOCs. 휘발성 유기화학물질의 총칭. 톨루엔, 크실렌 등의 유기 용제나 DOP 등의 프탈레이트계 가소제가 여기에 해당함.

7.1.2 실링재의 구분

(1) 고모듈러스형 실링재(high-modulus sealant)

KS F 4910의 실링재 분류 구분에 따라서 등급별 변형조건에서의 응력이 각각 23℃에서 0.4N/mm², −20℃에서 0.6N/mm² 이상인 실링재

(2) 구조용 실링재(structural sealant)

동적 또는 정적 하중에 대응하여 판유리를 구조물에 접착 고정시킬 수 있는 내력을 가지고 있는 부정형 실링재

(3) 매스틱(mastic)

실링재 또는 접착제 등에서 충전 및 도포 후 내부 경화가 진행되지 않고 점성이 장기적으로 유지되는 페이스트 상태의 물질을 통칭. 코킹용 소성 실링재의 한 종류로써 구분됨.

(4) 수성 실링재(water-borne sealant, water-based sealant)

수용성(water soluble) 또는 물 분산성(water dispersible) 바인더를 이용하여 제조하며 물의 휘발을 통해 건조 경화되는 실링재

(5) 실리콘계 실링재(silicone sealant)

실리콘 실링재. 폴리실록산 구조를 가지는 탄성중합체(polymer)를 이용하여 제조된 상온 경화형 실링재 화합물

(6) 유성 실링재(solvent release sealant, solvent-based sealant)

유성 바인더를 이용하여 제조하며, 용제의 휘발을 통해 건조경화되는 실링재

(7) 응력 완화형 실링재(stress-relaxed sealant)

변형에 의해 생긴 내부응력이 시간과 함께 감소해 가는 특성을 가지는 실링재. 시간이 경과함에 따른 변화로 수축 특성이 있는 피착재에 적용

(8) 저모듈러스형 실링재(low-modulus sealant)

KS F 4910의 실링재 분류 구분에 따라서, 등급별 변형조건에서의 응력이 각각 23℃에서 0.4N/mm^2, −20℃에서 0.6N/mm^2 이하인 실링재

(9) 코킹재(caulking material)

실링재의 한 종류. 무브먼트가 거의 없는 줄눈에 충전하여 수밀성과 기밀성을 확보하는 부정형의 재료. 현재는 유성 코킹재에 한정하여 사용함.

(10) 퍼티(putty)

요철 부위나 구멍 등을 채우거나, 메우거나 바르는 목적으로 사용되는 건축용 재료의 통칭. 사전적 의미로는 유리를 창문에 끼울 때 바르는 접착제를 의미하나, 국내 건축현장에서는 경질의 도포용 충전제의 의미로 사용되고 있고 실링재와의 구분을 위해 본 의미로는 사용하지 않음.

7.1.3 실링 용어

(1) 2면 접착(2-side adhesion)

줄눈에 실링재 시공을 할 때, 피착면 양쪽에만 접착시키고 줄눈 하부에는 접착시키지 않는 접착방식. 이러한 접착방식은 실링재가 줄눈의 신축에 자유롭게 추종하도록 하는 데 목적이 있음.

(2) 3면 접착(3-side adhesion)

줄눈에 실링재를 시공할 때, 피착면 양쪽과 줄눈 하부의 3면에 접착시키는 방식. 비거동 줄눈의 경우는 3면 접착의 경우가 방수성능이 우수한 장점이 있으나, 거동 줄눈의 경우는 응력집중현상에 의해 파단의 원인이 됨.

(3) 건조수축 무브먼트(Dry shrinkage movement)

콘크리트 등과 같은 줄눈을 구성하는 부재에서, 재료가 건조되는 과정 중에 발생한 수축으로 인해 접합부나 줄눈 부위에 생기는 거동 또는 거동의 정도

(4) 건 작업용(gun grade)

압출용 건에 장착하여 충전작업을 할 수 있도록 제작된 제품. 실링재의 카트리지 제품 또는 팩(pack. 일명, 소시지) 단위로 포장된 제품을 통칭

(5) 개방형 줄눈공법(open joint system)

① 오픈 조인트 공법. 외벽마감재 설치 공사에서 마감재 사이의 줄눈을 실링하지 않고 개방시켜 놓는 마감재 설치 공법. 이 경우, 마감재와 골조 사이에 레인 스크린(rain screen) 등 차수층을 별도로 설치하고, 유입된 물을 유도 배수하는 시스템을 구축하는 것이 원칙임.

② 일본의 경우, 등압원리를 이용하는 줄눈의 수밀접합공법을 오픈 조인트 공법으로 명명하고 있으나, 국내에서 통용되고 있는 등압 조인트 공법과 구분하기 위하여 본 의미로는 사용하지 않음.

(6) 거동 줄눈(working joint)

줄눈폭의 수축 팽창 및 전반 변형 거동이 크게 발생하는 줄눈. 커튼월 패널 줄눈 또는 대형 창틀과 골조 사이의 줄눈이 거동 줄눈에 해당됨.

(7) 겹침줄눈(lap joint)

부재의 일부를 겹쳐 놓은 경우, 하부 부재의 표면과 상부 부재의 측면 사이에 발생하는 줄눈

(8) 경화 수축(contraction, post dispensing)

제품이 시공된 후 경화되는 과정에서 발생하는 부피 감소 현상. 실링재의 경우, 경화과정에서 생성된 알코올 성분의 배출과 일부 미반응 물질의 증발에 의한 부피 손실이 발생함.

(9) 끼워 맞춤 줄눈(rabbet joint)

라베트 조인트. 부재 간 연결 부위의 접합을 원활하게 하기 위하여, 부재의 측면 또는 모서리의 일부를 깎아 내어 끼워 맞추는 방식으로 만들어진 이음 부위. 수평 연결과 L자형 연결방식이 주로 이용됨.

(10) 노즐(needle)

실링재 카트리지(cartridge) 또는 실리콘 주입용 건(gun)의 토출구 부위에 끼워서 사용되는 부자재

(11) 마스킹테이프(masking tape)

시공 중 충전 부위 이외의 부위에는 실링재가 부착되지 않게 하고, 실링재 단면이 잘 마감될 수 있도록 하기 위해 사용하는 점착형 테이프

(12) 맞댐형 줄눈(butt joint)

부재 간 모서리를 맞대어 놓은 형태의 줄눈으로 가장 보편적인 형태의 줄눈

(13) 박층 응집파괴(thin layer cohesion failure)

실링재의 파괴 형태의 하나로써, 피착면에 아주 얇게 실링재가 남아 있는 형태로 파괴되는 현상

(14) 백업재(back-up load, back-up material, sealant backing)

실링재의 3면 접착에 의한 파단을 방지하거나, 줄눈의 두께를 조정할 목적으로 줄눈의 내측에 삽입하는 합성수지계의 발포체

(15) 변색(discoloration)

실링재가 시공되어 사용되는 기간에 실링재의 표면에 미생물의 성장에 의한 오염 이외의 원인으로 인해 원래의 색상에서 의도되지 않은 색상으로 변화되는 현상

(16) 본드 브레이커(bond breaker)

백업재를 사용하기 어려운 깊이의 막힌 줄눈 또는 실링 부위에서 실링재의 3면 접착에 의한 파단을 방지하거나, 특정 부위에 대한 접착 방지 목적으로 사용되는 테이프

(17) 브리지형 줄눈(bridge joint)

줄눈의 깊이가 실링재 시공에 적합하지 않거나 줄눈의 거동이 클 것으로 예상되는 경우에, 부재의 표면에 다리 모양으로 시공하는 형태의 줄눈

(18) 비거동 줄눈(non-working joint)

줄눈폭의 수축 팽창 및 전반 변형 거동이 발생하지 않거나 극단적으로 적은 무브먼트가 발생하는 줄눈. RC 골조의 이음줄눈, 균열유발 줄눈, 마감석재 줄눈 및 소형 창틀과 골조 사이의 줄눈 등이 이에 해당됨.

(19) 상응성(compatibility)

2종류 이상의 물질이나 제품이 서로 접촉(또는 근접)하여 사용되는 조건에서, 각각의 제품이 서로간의 영향으로 인해 오염이나 변성(변질) 또는 성능의 저하 없이 제 기능을 발휘할 수 있게 되는 물질 또는 제품 간의 적합성을 의미함.

(20) 수작업용 제품(knife-grade)

퍼티와 같이 스페츌라(spatula, 작업용 주걱)나 스트리퍼(stripper, 끌칼) 및 이와 유사한 형태의 작업도구로 시공할 용도로 만들어진 제품

(21) 습도 무브먼트(joint movement for variable moisture)

줄눈을 구성하는 부재의 함수율 변화로부터 기인하는 신축으로 인해 접합부 줄눈에 발생되는 거동 또는 거동의 정도

(22) 실링(to seal, sealing)

기밀과 수밀성을 확보하기 위해 여러 가지 형태의 틈을 실링재로 밀실하게 채우는 작업을 의미함.

(23) 싱글 실링 공법(single sealed joint system)

단일 실링 공법. 수밀성과 기밀성을 한 번의 실링 시공으로만 확보하는 방법

(24) 양극 산화(anodizing, anodic oxidation)

주로 알루미늄 또는 알루미늄 합금 표면에 전기분해에 의해서 산화알루미늄의 비교적 두꺼운 내식성 피막을 형성시키는 표면처리법

(25) 연마포(abrasive cloth)

실링재의 접착력 향상을 목적으로 피착체의 표면을 거칠게 처리하는 데 사용하는 것. 샌드페이퍼(sand paper)와 같은 의미로 사용

(26) 오버브리지 공법(over-bridge sealing system)[4)]

실링 개·보수공법의 하나. 기존의 실링재를 그대로 남겨두고 그 위에 새로운 실링재를 브리지 형태로 중복해서 시공하는 공법

(27) 온도 무브먼트(thermal movement, Joint movement for variable temperature)

줄눈을 구성하는 부재의 열팽창 및 수축현상으로부터 기인하는 신축으로 인해 접합부 줄눈에 발생하는 거동 또는 거동의 정도

(28) 용제 유발 균열(solvent crack)

플라스틱 재질의 부재가 실링재나 프라이머와 접촉했을 때, 실링재나 프라이머에 포함된 용제 및 가소제 성분의 블리딩현상과 그로 인한 플라스틱 재료의 내부응력 변화로 인해 유발되는 균열현상

(29) 유통기한(shelf life, storage life)

제조한 이후 일정 범위의 저장조건에서 성능의 변화가 가용 범위 내로 유지될 수 있는 기간. 일반적으로 반응경화형 제품의 경우 저장환경 조건에서 미세한 반응이 진행되며, 시간이 경과될수록 성능의 변화가 수반되어 시공성뿐만 아니라 접착력 등 최종 시공품질에도 영향을 미치게 되므로 각별히 유의하여야 함.

4) 덧씌우기 공법이라고 한다. 브릿지 공법, 오버브리지 공법과 혼용하여 사용합니다.

(30) 이중 실링 공법

수밀성과 기밀성을 1차 실링(외부측)과 2차 실링(실내측)으로 두 번에 걸쳐 시공하여 확보하는 방법. 일반적으로 이중실링만으로 마감하기도 하지만, 1차 실링 부위를 통해 침투한 빗물이 2차 실까지 도달하지 못하도록 윕 홀(weep hole) 등 별도의 배수기구를 설치하거나, 빗물 유입을 감지할 수 있는 센서를 설치하는 방법 등을 병용하기도 함.

(31) 재충전공법(resealing method)

실링 보수공법의 하나로써, 기존의 실링재를 적절한 방법으로 제거하고 제거된 줄눈 부위에 신규 실링재를 재충전하는 공법

(32) 전단변형률(shear strain)

전단력에 의해서 변형된 폭을 변형 전의 줄눈폭으로 나눈 수치의 백분율 값

(33) 조기파단(premature failure)

제품이 시공된 후, 설계된 수명보다 빠르게 파단되는 경우. 이러한 현상은 시공 불량, 제품 불량 및 노출환경의 급격한 변화 등에 의해 발생

(34) 줄눈(joint)

조인트. 각종 건축자재의 접합부 또는 이음 부위의 틈을 통칭하며, 실링재 또는 코킹재가 시공되는 부위. 단, 등압설계 또는 기타의 목적에 의해 실링이나 코킹을 실시하지 않는 경우(open Joint)도 있음.

(35) 줄눈폭(joint width)

W. 줄눈에서 실링재가 접착되는 피착체 단변 사이의 거리

(36) 피착체 파괴(substrate failure)

SF. 줄눈 부위에서 발생하는 파괴형태의 하나로써, 실링재가 접착되어 있는 상태에서 피착체 자체가 파괴되어 박리되는 현상

(37) 피착체(substrate, adherent)

접착제나 실링재에 의해 접착되는 물체. 피착체의 재질 또는 표면의 성질 및 성상에 따라서 접착되는 물질의 접착성능이 크게 좌우됨.

(38) 필릿 줄눈(fillet joint)

거의 직각을 이루는 부재 사이에 발생하는 줄눈으로, 실링재는 부재의 표면에 시공하게 된다. 건축공사 현장에서 패러핏(parapet)과 바닥 슬래브(slab)의 접합부 모서리 부위가 대표적인 형태임.

(39) 움직임 허용치(movement capability, allowable movement)

줄눈의 거동 특성에 대한 실링재의 추종 성능을 나타내는 특성 값. 실링재가 일정 기간 동안에 접착 내구성능을 유지할 수 있는, 최대신축(압축 · 신장)폭을 접합부의 줄눈폭에 대한 백분율로 나타낸 값

(40) 형상계수(shape factor)

D/W. 실링재의 실링깊이를 줄눈폭으로 나눈 수치. 통상적으로 1/2~1 범위 내의 값을 적용

(41) 확폭(廓幅) 재충전공법(widen joint resealing method)

실링의 보수공법의 하나로써 줄눈 설계폭이 부족한 경우에 줄눈폭을 확대시킨 후 신규로 실링 시공을 하는 공법

7.1.4 유리 · 창호 · 커튼월 관련 용어

(1) 1차 실, 1차 실란트(primary seal, primary sealant)

① 복층유리의 중공 층으로 외부의 습기가 유입되는 것을 방지하기 위하여 간봉과 유리면 사이의 틈새를 막을 목적으로 사용되는 실(실란트). 또한 단열성능 향상을 위하여 가스를 주입하는 경우에서는 주입된 가스의 유출을 방지하는 역할을 하며, 일반적으로 폴리이소부틸렌계 실링재를 사용

② 외부창호 설치 공사에서 창틀과 골조 사이에 이중실링 공법을 적용한 경우에 외부 측에 시공된 실링재. 내후성을 고려하여 실리콘 실링재가 사용됨.

(2) 2면 구조용 실란트 글레이징(two-side structural sealant glazing)

사면체 형태의 유리판 또는 패널의 모서리 중 2면 부위를 구조용 실란트로 고정시키는 유리 설치 공법으로서, 나머지 2면은 프레임에 지지시켜 고정

(3) 2차 실, 2차 실란트(secondary seal, secondary sealant)

① 복층유리 제조 시 유리의 접합을 위해 사용되는 실(접합재). 접합유리의 모서리 끝부분 테두리 전체에 걸쳐 시공된다. 일반적으로 폴리설파이드계 실란트와 실리콘 실란트가 사용된다

② 외부창호 설치 공사에서 창틀과 골조 사이에 이중실링 공법을 적용한 경우에 실내 측에 시공된 실링재. 일반적으로 우레탄 실링재가 사용됨.

(4) 4면 구조용 실란트 글레이징(four-side structural sealant glazing)

사면체 형태의 유리판 또는 패널의 전체(4면) 모서리 부위를 구조용 실란트로 고정시키는 유리 설치 공법

(5) SSG공법(structural sealant glazing system)

구조용 실란트 글레이징 공법. 판유리를 지지하는 금속 부재를 실내 측에 설치하고, 판유리를 구조용 실란트로 접착 및 고정하여 지지하는 글레이징 공법

(6) 기체(gasket)

인접한 부재 사이를 통해 물이나 기체의 이동 방지를 목적으로 설치하는 부속 자재로서, 부재의 거동에 따라 변형이 가능한 탄성 고무재질의 정형 실링재

(7) 간봉(spacer)

복층유리 제작 시 유리의 간격을 유지하며 흡습제의 용기가 되는 재료로 공동형의 알루미늄 또는 플라스틱 제품. 유리와 새시 사이의 공차를 조절하기 위해 사용되는 스

페이서와 구분하기 위해서 스페이서라는 표현은 사용하지 않음.

(8) 강화유리(tempered glass)

플로트 판유리를 연화 온도로 가열한 후 급랭하여 표면에 압축응력 층을 형성시킨 유리. 일반적인 플로트 유리보다 3~5배의 충격강도 및 휨강도 성능이 발현되며, 파손 시 모나지 않은 작은 파편으로 분리되어 안전유리로 분류됨.

(9) 흡습재(desiccant)

기체, 액체, 고체 물질에서 수분을 제거하기 위하여 이용하는 물질. 복층유리에 사용되는 흡습제는 중공층 내부 공기 중에 포함된 수분을 물리적으로 흡착시키는 형태의 물리적 흡습제가 사용됨.

(10) 공장 글레이징(shop glazing, factory glazing)

금속 프레임에 유리 또는 패널을 설치하는 공정을 시공환경을 조절할 수 있는 장소. 즉, 공장이나 건물 내에서 실시하는 것을 말하며, 국내에서는 유닛 커튼월 공법 적용 시 공장에서 유리를 유닛 형태로 글레이징하는 것을 특정함.

(11) 공차(clearance. face-, edge)

① face- : 창문 프레임의 채널(channel)에 유리판이나 패널 등을 끼워 넣었을 때 유리의 표면과 홈의 내측 측면 사이 틈의 간격으로, 실링재의 성능을 확보하기 위한 줄눈폭을 결정하는 공차

② edge- : 연단거리. 유리의 양 끝단 모서리와 채널 바닥면 사이의 거리로, 유리와 창문 프레임의 직접 접촉에 의한 유리 파손을 방지하기 위해 필요한 공차

(12) 기밀성능(weather tightness)

특정 조건하에서의 시험 또는 각종 환경조건에서, 재료를 통한 물 또는 공기의 이동을 평가하는 투과성의 크기를 의미함.

(13) 내창유리(inner glass lite)

복층유리에서 실내 측에 접하는 면의 유리

(14) 단열유리(insulating glass)

IG unit. 중공층 및 열선 반사 등을 통해 단열효과를 얻을 목적으로 만들어지는 유리를 총칭하는 용어로, 복층, 3복층, Low-E 및 진공유리 등을 포함

(15) 등압 조인트 공법(pressure equalized joint system)

커튼월 공법에서 외기에 노출된 줄눈 부위를 개방 또는 부분실링이 되도록 하고 실내측 부위에는 기밀성을 가지게 하여, 등압원리에 의해 수밀성능을 유지하도록 하는 줄눈접합공법

(16) 로이유리(low-E glass)

저방사 유리. 유리 표면에 금속 또는 금속산화물을 얇게 코팅한 것으로 열의 이동을 최소화시켜 주는 에너지 절약형 유리. 특성상 단판으로 사용하기보다는 복층유리로 가공된 형태로 사용

(17) 멀리언(mullion)

① 수직구조 부재. 커튼월의 수직용 부재를 말하며 앵커(anchorage)시스템에 의해 건물 구조체와 연결되는 커튼월시스템의 주 구조재임.

② 사전적 의미로서, 커튼월의 수직방향 또는 수평방향(경우에 따라서는 대각선 방향)의 분할재를 통칭하나, 수평구조 부재를 별도로 구분하는 명칭인 트랜섬(transom)과의 혼선을 방지하기 위해 사용하지 않는 용어 설명임.

(18) 바이트(bite)

구조용 실란트가 부재에 접착되는 폭

(19) 반강화유리(heat strengthened glass)

배강도유리. 플로트 판유리를 연화 온도로 가열한 후 서서히 냉각하여 강화유리에 비해 표면의 압축응력 층을 얇게 형성시킨 유리. 일반적인 플로트유리보다 2~3배의 충격강도 및 휨강도 성능이 발현되며, 파손 시 비산이 방지되고 특히, 접합유리의 형태로 제작하는 경우 가장 높은 안전성이 확보됨.

(20) 복층유리(pair glass)

두 장의 유리를 일정한 간격으로 설치한 후 사면 모서리 주위를 실링재로 접착하여 밀폐시키고, 유리 사이의 중공층에 건조 공기 또는 특수한 가스를 봉입한 유리. 차음, 단열 및 결로 방지 등에 효과가 있음.

(21) 비전(vision)

커튼월 건축물에서, 실내에서 조망이 가능한 창호부분

(22) 사이드 블록(side block)

창문 프레임 내에서 유리가 일정한 면 간격을 유지하며, 프레임 양쪽 측면으로부터 중심 부위에 위치시키기 위해 설치하는 성형 재료

(23) 실링 비드, 글레이징 비드(bead)

충진할 때 그 진행에 따라 실링재가 연속해서 만드는 층

(24) 새시(sash)

철, 스테인리스 강, 알루미늄 등의 금속 재질로 만들어진 창틀 및 창문의 통칭

(25) 세팅 블록(setting block)

유리가 창문 프레임에 직접 맞닿는 것을 막기 위하여 설치하는 부재로서, 네오프렌 고무, EPDM 고무 또는 실리콘 고무 등으로 제작

(26) 스톱(stop. fixed-, removable-)

창문 프레임의 채널(channel)을 구성하는 측면 부재. 창짝에 유리를 설치할 때 유리가 프레임에서 빠지지 않도록 막아주는 틀로서의 역할을 하며, 실링재를 시공할 경우에는 글레이징 비드가 된다. 국내 건축현장에서는 오사이(사전적 의미는 누름임) 또는 쫄대라는 용어를 통상적으로 사용하고 있음.

(27) 스페이서(spacer, casting spacer)

유리판 또는 패널과 프레임 사이 등과 같이 부재 간의 간격을 고르게 유지하기 위하여 그 틈새에 끼우는, 일정한 수치로 성형된 단단한 재질의 끼움재. 사용 부위 또는 목적에 따라 Casting spacer(접착방지), edge spacer(프레임 내 간격 조정), shim spacer(프레임의 stop 부위와 유리 또는 패널의 접촉 방지)로 나누어 구분함.

(28) 스팬드럴(spandrel)

커튼월 구조물에서 비전과 비전 사이의 구간에 설치된 패널 또는 유닛. 즉, 상부 층의 바닥마감 부위에서 하부 층의 천장마감 부위까지의 구간에 설치되는 커튼월용 패널 또는 유닛

(29) 유닛 커튼월 공법(unit curtain wall system)

커튼월 입면을 일정한 유닛으로 나누고 구성 부재를 공장에서 개별 유닛으로 조립, 제작한 후 현장으로 운반하여 설치, 고정하는 방식의 커튼월 공법

(30) 외창유리(outer glass lite)

복층유리에서 외기에 접하는 면의 유리

(31) 접합유리, 라미네이트 유리(laminated glass)

2개 또는 그 이상의 강화유리 또는 플로트 판유리를 PVB(polyvinyl butyral) 필름을 이용하여 가열 압착시켜 제조하는 유리

(32) 접착두께(glue-line thickness)

구조용 실링재를 시공할 때, 서로 접착되는 부재 사이의 (최소 요구)거리. 최소 6mm 이상이어야 하며, 일반적으로 적용되는 바이트 크기의 1~1/3 배수 범위의 값을 적용

(33) 창문(window)

창 세트의 가동부분. 문짝, 미닫이 등의 총칭이며, 윗막이와 밑막이 및 선틀과 유리 등의 판재로 구성됨. KS F 3211의 용어상 의미는 창 세트의 가동부분만을 규정하고 있으나, 본 가이드라인에서는 슬라이딩 창문과 같은 가동부분과 함께 고정창(fixed window)과 같이 비거동형 창문이지만 창틀 위에 설치되는 모든 부분을 포함함.

(34) 창틀(window frame)

창문 또는 고정창(fixed window)을 설치하기 위한 틀

(35) 채널 글레이징(channel glazing)

창문 프레임과 같이 전/후 스톱(stop, 고정 및 탈착용) 부위에 의해 만들어진 홈(channel)에 유리나 패널을 끼워 넣어 설치하는 유리 설치방법

(36) 커튼월(curtain wall)

넓은 의미로는 구조체와 독립한 외벽이라는 정의로 되어 있으며, 구조내력을 부담하지 않는 벽체. 커튼월 패널은 유리, 금속계와 시멘트계로 구분되어 있음.

(37) 포인트 글레이징 공법(point glazing system)

창문 프레임과 같이 긴 금속부재를 사용하지 않고, 강화유리판의 모서리 부위에 낸 구멍에 연결용 부재를 설치하여 실내 측의 구조용 부재와 연결하는 커튼월 공법. 국내에서는 SPG(special point glazing), DPG(dot point glazing) 또는 PFG(point fixed glazing)공법 등으로 많이 소개되어 있음.

(38) 플로트 판유리(float glass)

융해 금속의 표면에 융해 유리를 띄워 성형하는 플로트법에 의해 제조되는 판유리. 표면의 평활도, 제조속도 모두 종래의 방법보다 뛰어나 일반적인 판유리 제조방법으로 적용되고 있음.

(39) 힌지(hinge)

핀 등을 사용하여 중심축 주변으로 회전하거나 이동할 수 있는 구조로 만들어진 관절형태의 접합부로서, 도어나 창틀에 부착되는 경첩을 의미함.

7.1.5 유변학적 특성(rheology)

(1) 모듈러스(modulus)

탄성계수. 변형에 대한 발생 응력의 비를 나타내며, 고무와 같은 고분자 물질의 경우에서는 일반적으로 인장 거동에 대한 탄성계수의 뜻으로 사용됨.

(2) 변형(strain)

외력이 가해졌을 때 물체가 변형되는 정도

(3) 소성(plasticity)

재료에 외력이 가해지면 영구적으로 변형이 발생하게 되어 외력을 제거하더라도 원래의 형태로 회복되지 않는 성질

(4) 소성 흐름(creep)

크리프. 재료에 일정한 외력을 가하면 순간적으로는 탄성변형이 생기나, 지속적으로 외력이 유지되면 시간경과에 따라 변형(소성변형)이 증대하는 현상

(5) 시컨트 모듈러스(secant modulus)

할선 탄성계수. 변형에 대한 응력의 관계가 직선 관계에 있지 않을 경우, 공학적 편

의성을 위해 정의된 특정 변형에 대한 응력값으로, 응력-변형곡선 그래프에서 주어진 지점까지 연결한 직선의 기울기로 나타냄.

(6) 응력(stress)

물체에 외력이 가해졌을 때, 그 외력에 저항하여 원래 형태를 유지하려고 하는 물체 고유의 저항력. 응력은 작용하는 하중의 종류에 따라 전단응력 · 인장응력 · 압축응력으로 나누며, 다시 단면에 평행으로 작용하는 전단응력과 단면에 수직인 방향으로 작용하는 인장응력과 압축응력으로 구분함. 특히, 인장력(양의 하중)에 대한 응력은 모듈러스(Modulus)로 구분함.

(7) 응력-변형곡선(stress-strain curve)

재료에 외력을 가해서 변형되었을 때, 응력과 변형과의 관계를 나타내는 곡선.

(8) 응력 완화(stress relaxation)

변형에 의해 생긴 내부응력(탄성복원력)이 시간과 함께 감소해가는 현상

(9) 탄젠트 모듈러스(tangent modulus)

접선 탄성계수. 변형에 대한 응력의 관계가 직선 관계에 있지 않을 경우, 공학적 편의성을 위해 정의된 특정 변형에 대한 응력값으로, 응력-변형곡선 그래프에서 주어진 지점에서의 접선의 기울기로 나타냄.

7.1.6 물성

(1) UV 저항성(UV resistance)

자외선에 노출되었을 때의 재료의 성능 저하에 대한 저항성

(2) 가사시간(pot life, working life)

접착제, 도료 및 실링재 등의 사용(작업) 가능 시간. 특히, 2성분형 반응경화형 제품

일 경우에는 혼합이 완료된 이후부터 부재 표면에 완전한 접착이 가능하고 원활한 마감처리 작업이 가능한 시간을 의미함.

(3) 가열 감량(loss on heating)

실링재를 일정의 온도와 시간으로 가열했을 때의 중량 감소의 정도

(4) 경도(hardness)

재료의 단단함(굳기)의 정도. 일반적으로 제품의 표면에 대한 압입 저항을 측정하는 방법이 보편적으로 이용되며, 쇼어(Shore) 경도계가 대표적인 시험장치임.

(5) 경화시간(cure time)

실링재 등의 제품이 적용 목적을 수행할 수 있는 최소 요구 성능 수준까지 도달하는 데 걸리는 시간

(6) 내알칼리성(alkali resistance)

재료가 알칼리성 물질에 접촉했을 때, 물리적·화학적으로 변화되기 어려움의 정도

(7) 내오존성(ozone resistance)

재료가 오존이 포함된 대기 중에 노출되었을 때, 그 재료가 물리적·화학적으로 변화되기 어려움의 정도

(8) 내후성(weather resistance, weather proof)

재료가 외부의 환경조건에 노출되었을 때, 햇빛이나 비바람, 오존 및 미생물 증식 등의 자연조건에 의해 시간이 지남에 따라 발생하게 되는 물리화학적 성능 저하에 대한 저항의 정도

(9) 부착강도(peel adhesion strength)

실링재를 피착체 표면에 대하여 0° 에서 180° 방향으로 잡아당겼을 때의 접착강도.

(10) 압출성(extrudability)

컨테이너 속에 있는 실링재에 압력을 가했을 때, 토출구(orifice)를 통해 흘러나오는 흐름의 정도를 평가하여 실링재의 작업성을 평가하는 척도로서 사용함.

(11) 신율(elongation)

연신율, 신장률. 재료에 힘을 가했을 때, 재료가 늘어나는 길이를 초기 길이에 대한 백분율로 나타낸 수치. 재료의 연성을 나타내는 척도로서 사용

(12) 스테이닝(staining)

줄눈을 구성하는 부재의 내부로 실링재 성분이 흡수되어 나타나는 얼룩 모양의 오염현상. 석재와 같은 다공성의 자재에서 발생하며, 줄눈으로부터 흡수가 진행된 폭(stain width)의 길이로써 그 정도를 나타냄.

(13) 오염물 흡착 오염(dirt retention)

실링재에서 표면으로 블리딩된 실리콘 오일성분에 먼지가 흡착되어 줄눈 주변을 오염시키는 현상

(14) 오픈 타임(open time)

프라이머 도포 후 실링재 충전작업을 실시하는 데 적절한 시간의 범위

(15) 인공광 노출 후의 접착성(adhesion after exposure to artificial light)

유리면을 투과하는 태양광(주로 자외선)에 의한 접착성능 저하 정도를 나타내는 척도

(16) 인장 접착강도, 인장강도(tensile adhesive strength, tensile-strength)

실링재를 피착체 표면에 대해서 수직인 방향으로 인장력을 가했을 때의 접착강도. 실링재의 경우에서는 일반적으로 응집파괴가 발생하기 때문에 재료의 인장강도를 의미하게 됨.

(17) 체적 손실(loss of volume)

경화 후의 실링재 체적이 시공 직후의 체적보다도 감소되는 현상

(18) 툴링 타임(tooling time)

마감처리 시간. 줄눈 부위에 실링재의 충전이 완료된 후, 마감처리(툴링) 작업이 가능한 시간. 일반적으로 1성분계 제품의 가사시간을 의미함.

7.2 규격 정리

7.2.1 KS(한국산업규격)

KS F 4910 : 2010	건축용 실링재
KS F 2621 : 2000	건축용 실링재 시험방법
KS F ISO 13640	건축용 실링재의 시험용 피착체 제작방법

7.2.2 ISO(국제 표준기구)

ISO 11617	Buildings and civil engineering works -- Sealants -- Determination of changes in cohesion and appearance of elastic weatherproofing sealants after exposure of statically cured specimens to artificial weathering and mechanical cycling
ISO 8339 : 2005	Building construction -- Sealants -- Determination of tensile properties (Extension to break)
ISO 8340 : 2005	Building construction -- Sealants -- Determination of tensile properties at maintained extension
ISO 6927 : 2012	Buildings and civil engineering works -- Sealants -- Vocabulary
ISO 6874 : 2005	Dentistry -- Polymer-based pit and fissure sealants
ISO 9046 : 2002	Building construction -- Jointing products -- Determination of adhesion/cohesion properties of sealants at constant temperature
ISO 7389 : 2002	Building construction -- Jointing products -- Determination of elastic recovery of sealants

ISO 9047 : 2001	Building construction –– Jointing products –– Determination of adhesion/cohesion properties of sealants at variable temperatures
ISO 7390 : 2002	Building construction –– Jointing products –– Determination of resistance to flow of sealants
ISO 10590 : 2005	Building construction –– Sealants –– – Determination of tensile properties of sealants at maintained extension after immersion in water
ISO 10591 : 2005	Building construction –– Sealants –– Determination of adhesion/cohesion properties of sealants after immersion in water
ISO 11432 : 2005	Building construction –– Sealants –– Determination of resistance to compression
ISO 10563 : 2005	Building construction –– Sealants –– Determination of change in mass and volume
ISO 11527 : 2010	Building construction –– Sealants –– Test method for the determination of stringiness
ISO 13638 : 1996	Building construction –– Sealants –– Determination of resistance to prolonged exposure to water
ISO 11600 : 2002	Building construction –– Jointing products –– Classification and requirements for sealants
ISO 11431 : 2002	Building construction –– Jointing products –– Determination of adhesion/cohesion properties of sealantsafter exposure to heat, water and artificial light through glass
ISO 8394-1 : 2010	Building construction –– Jointing products –– Part 1 : Determination of extrudability of sealants
ISO 8394-2 : 2010	Building construction –– Jointing products –– Part 2 : Determination of extrudability of sealants using standardized apparatus
ISO 28278-2 : 2010	Glass in building –– Glass products for structural sealant glazing –– Part 2 : Assembly rules
ISO 28278-1 : 2011	Glass in building –– Glass products for structural sealant glazing –– Part 1 : Supported and unsupported monolithic and multiple glazing
ISO 16938-2 : 2008	Building construction –– Determination of the staining of porous substrates by sealants used in joints –– Part 2 : Test without compression
ISO 16938-1 : 2008	Building construction –– Determination of the staining of porous substrates by sealants used in joints –– Part 1 : Test with compression

7.2.3 ASTM(미국)

ASTM C510 : 05a(2011)	Standard Test Method for Staining and Color Change of Single– or Multicomponent Joint Sealants
ASTM C603 : 04(2008)	Standard Test Method for Extrusion Rate and Application Life of Elastomeric Sealants
ASTM C639 : 01(2011)	Standard Test Method for Rheological (Flow) Properties of Elastomeric Sealants
ASTM C661 : 06(2011)	Standard Test Method for Indentation Hardness of Elastomeric–Type Sealants by Means of a Durometer
ASTM C679 : 03(2009)e1	Standard Test Method for Tack–Free Time of Elastomeric Sealants
ASTM C711 : 03(2009)	Standard Test Method for Low–Temperature Flexibility and Tenacity of One–Part, Elastomeric, Solvent–Release Type Sealants
ASTM C712 : 03(2009)	Standard Test Method for Bubbling of One–Part, Elastomeric, Solvent–Release Type Sealants
ASTM C717 : 14a	Standard Terminology of Building Seals and Sealants
ASTM C719 : 13	Standard Test Method for Adhesion and Cohesion of Elastomeric Joint Sealants Under Cyclic Movement (Hockman Cycle)
ASTM C731 : 00(2010)	Standard Test Method for Extrudability, After Package Aging, of Latex Sealants
ASTM C732 : 06(2012)	Standard Test Method for Aging Effects of Artificial Weathering on Latex Sealants
ASTM C734 : 06(2012)	Standard Test Method for Low–Temperature Flexibility of Latex Sealants After Artificial Weathering
ASTM C736 : 12	Standard Test Method for Extension–Recovery and Adhesion of Latex Sealants
ASTM C765 : 97(2011)	Standard Test Method for Low–Temperature Flexibility of Preformed Tape Sealants
ASTM C771 : 14	Standard Test Method for Weight Loss After Heat Aging of Preformed Tape Sealants
ASTM C772 : 03(2009)	Standard Test Method for Oil Migration or Plasticizer Bleed–Out of Preformed Tape Sealants
ASTM C782 : 13	Standard Test Method for Softness of Preformed Tape Sealants
ASTM C792 : 04(2008)	Standard Test Method for Effects of Heat Aging on Weight Loss, Cracking, and Chalking of Elastomeric Sealants
ASTM C793 : 05(2010)	Standard Test Method for Effects of Laboratory Accelerated Weathering on Elastomeric Joint Sealants

ASTM C794 : 10	Standard Test Method for Adhesion-in-Peel of Elastomeric Joint Sealants
ASTM C834 : 10	Standard Specification for Latex Sealants
ASTM C879 : 03(2014)	Standard Test Methods for Release Papers Used with Preformed Tape Sealants
ASTM C907 : 03(2012)	Standard Test Method for Tensile Adhesive Strength of Preformed Tape Sealants by Disk Method
ASTM C908 : 00(2011)	Standard Test Method for Yield Strength of Preformed Tape Sealants
ASTM C910 : 06(2011)	Standard Test Method for Bond and Cohesion of One-Part Elastomeric Solvent Release-Type Sealants
ASTM C913 : 08	Standard Specification for Precast Concrete Water and Wastewater Structures
ASTM C919 : 12	Standard Practice for Use of Sealants in Acoustical Applications
ASTM C920 : 14	Standard Specification for Elastomeric Joint Sealants
ASTM C961 : 06(2011)	Standard Test Method for Lap Shear Strength of Sealants
ASTM C972 : 00(2011)	Standard Test Method for Compression-Recovery of Tape Sealant
ASTM C990 : 09(2014)	Standard Specification for Joints for Concrete Pipe, Manholes, and Precast Box Sections Using Preformed Flexible Joint Sealants
ASTM C990M : 09(2014)	Standard Specification for Joints for Concrete Pipe, Manholes, and Precast Box Sections Using Preformed Flexible Joint Sealants (Metric)
ASTM C1016 : 14	Standard Test Method for Determination of Water Absorption of Sealant Backing (Joint Filler) Material
ASTM C1021 : 08(2014)	Standard Practice for Laboratories Engaged in Testing of Building Sealants
ASTM C1087 : 00(2011)	Standard Test Method for Determining Compatibility of Liquid-Applied Sealants with Accessories Used in Structural Glazing Systems
ASTM C1135 : 00(2011)	Standard Test Method for Determining Tensile Adhesion Properties of Structural Sealants
ASTM C1183/C1183M : 13	Standard Test Method for Extrusion Rate of Elastomeric Sealants
ASTM C1184 : 13	Standard Specification for Structural Silicone Sealants
ASTM C1193 : 13	Standard Guide for Use of Joint Sealants
ASTM C1216/C1216M : 13	Standard Test Method for Adhesion and Cohesion of One-Part Elastomeric Solvent Release Sealants
ASTM C1241 : 14	Standard Test Method for Volume Shrinkage of Latex Sealants During Cure
ASTM C1246 : 00(2012)	Standard Test Method for Effects of Heat Aging on Weight Loss, Cracking, and Chalking of Elastomeric Sealants After Cure
ASTM C1247 : 14	Standard Test Method for Durability of Sealants Exposed to Continuous Immersion in Liquids

ASTM C1248 : 08(2012)	Standard Test Method for Staining of Porous Substrate by Joint Sealants
ASTM C1249 : 06a(2010)	Standard Guide for Secondary Seal for Sealed Insulating Glass Units for Structural Sealant Glazing Applications
ASTM C1253 : 14	Standard Test Method for Determining the Outgassing Potential of Sealant Backing
ASTM C1257 : 06a(2012)	Standard Test Method for Accelerated Weathering of Solvent-Release-Type Sealants
ASTM C1265 : 94(2011)	Standard Test Method for Determining the Tensile Properties of an Insulating Glass Edge Seal for Structural Glazing Applications
ASTM C1266 : 02(2011)	Standard Test Method for Flow Characteristics of Preformed Tape Sealants
ASTM C1281 : 03(2009)	Standard Specification for Preformed Tape Sealants for Glazing Applications
ASTM C1294 : 07(2011)	Standard Test Method for Compatibility of Insulating Glass Edge Sealants with Liquid-Applied Glazing Materials
ASTM C1311 : 10	Standard Specification for Solvent Release Sealants
ASTM C1330 : 02(2013)	Standard Specification for Cylindrical Sealant Backing for Use with Cold Liquid-Applied Sealants
ASTM C1367 : 06(2012)	Standard Test Method for Dead Load Resistance of a Sealant in Elevated Temperatures
ASTM C1369 : 07	Standard Specification for Secondary Edge Sealants for Structurally Glazed Insulating Glass Units
ASTM C1375 : 00(2014)	Standard Guide for Substrates Used in Testing Building Seals and Sealants
ASTM C1382 : 11	Standard Test Method for Determining Tensile Adhesion Properties of Sealants When Used in Exterior Insulation and Finish Systems (EIFS) Joints
ASTM C1392 : 00(2014)	Standard Guide for Evaluating Failure of Structural Sealant Glazing
ASTM C1401 : 09a	Standard Guide for Structural Sealant Glazing
ASTM C1442 : 11	Standard Practice for Conducting Tests on Sealants Using Artificial Weathering Apparatus
ASTM C1472 : 10	Standard Guide for Calculating Movement and Other Effects When Establishing Sealant Joint Width
ASTM C1481 : 12	Standard Guide for Use of Joint Sealants with Exterior Insulation and Finish Systems (EIFS)
ASTM C1501 : 09	Standard Test Method for Color Stability of Building Construction Sealants as Determined by Laboratory Accelerated Weathering Procedures
ASTM C1518 : 04(2009)	Standard Specification for Precured Elastomeric Silicone Joint Sealants
ASTM C1519 : 10	Standard Test Method for Evaluating Durability of Building Construction Sealants by Laboratory Accelerated Weathering Procedures
ASTM C1520 : 02(2010)	Standard Guide for Paintability of Latex Sealants

ASTM C1521 : 13	Standard Practice for Evaluating Adhesion of Installed Weatherproofing Sealant Joints
ASTM C1523 : 10	Standard Test Method for Determining Modulus, Tear and Adhesion Properties of Precured Elastomeric Joint Sealants
ASTM C1536 : 10	Standard Test Method for Measuring the Yield for Aerosol Foam Sealants
ASTM C1564 : 04(2009)	Standard Guide for Use of Silicone Sealants for Protective Glazing Systems
ASTM C1589/C1589M : 14	Standard Practice for Outdoor Weathering of Construction Seals and Sealants
ASTM C1620 : 12	Standard Specification for Aerosol Polyurethane and Aerosol Latex Foam Sealants
ASTM C1635 : 06	Standard Test Method to Evaluate Adhesion/Cohesion Properties of a Sealant at Fixed Extension
ASTM C1642 : 07	Standard Practice for Determining Air Leakage Rates of Aerosol Foam Sealants and Other Construction Joint Fill and Insulation Materials
ASTM C1643 : 08	Standard Test Method to Measuring the Post Dispensing Volumetric Expansion of Aerosol Foam Sealants
ASTM C1681 : 09	Standard Test Method for Evaluating the Tear Resistance of a Sealant Under Constant Strain
ASTM C1735 : 11	Standard Test Method for Measuring the Time Dependent Modulus of Sealants Using Stress Relaxation
ASTM C1736 : 11	Standard Practice for Non–Destructive Evaluation of Adhesion of Installed Weatherproofing Sealant Joints Using a Rolling Device
ASTM C1737 : 10	Standard Guide for Evaluating Temperature Effects to Aerosol Foam Sealant During and After Dispensing
ASTM C1756 : 14	Standard Guide for Comparing Sealant Behavior to Reference Photographs
ASTM D1985 : 13	Standard Practice for Preparing Concrete Blocks for Testing Sealants, for Joints and Cracks
ASTM D2202 : 00(2010)	Standard Test Method for Slump of Sealants
ASTM D2203 : 01(2011)	Standard Test Method for Staining from Sealants
ASTM D2377 : 14	Standard Test Method for Tack–Free Time of Caulking Compounds and Sealants
ASTM D5167 : 13	Standard Practice for Melting of Hot–Applied Joint and Crack Sealant and Filler for Evaluation
ASTM D5249 : 10	Standard Specification for Backer Material for Use with Cold– and Hot–Applied Joint Sealants in Portland–Cement Concrete and Asphalt Joints
ASTM D5329 : 09	Standard Test Methods for Sealants and Fillers, Hot–Applied, for Joints and Cracks in Asphaltic and Portland Cement Concrete Pavements

ASTM D5893/D5893M : 10	Standard Specification for Cold Applied, Single Component, Chemically Curing Silicone Joint Sealant for Portland Cement Concrete Pavements
ASTM D6396 : 99(2012)	Standard Test Method for Testing of Pipe Thread Sealants on Pipe Tees
ASTM D6465 : 99(2012)	Standard Guide for Selecting Aerospace and General Purpose Adhesives and Sealants
ASTM D6690 : 12	Standard Specification for Joint and Crack Sealants, Hot Applied, for Concrete and Asphalt Pavements
ASTM E1773 : 10	Standard Practice for Sealing Rigid Wall Tactical Shelters with Polysulfide Based Sealants
ASTM E2342 : 10	Standard Test Method for Durability Testing of Duct Sealants
ASTM E2690 : 10e2	Standard Practice for Specimen Preparation and Mounting of Caulks and Sealants to Assess Surface Burning Characteristics
ASTM F2392 : 04(2010)	Standard Test Method for Burst Strength of Surgical Sealants
ASTM F2458 : 05(2010)	Standard Test Method for Wound Closure Strength of Tissue Adhesives and Sealants
ASTM F2468 : 05(2011)	Standard Classification for Specifying Silicone Adhesives and Sealants for Transportation Applications
ASTM F2524 : 06(2013)	Standard Practice for Determination of Volatile Content for Formed-in-Place Gaskets (FIPG) Silicone Adhesives and Sealants for Transportation Applications

7.2.4 JIS(일본)

JIS A 5758 : 2010	Sealants for sealing and glazing in buildings
JIS K 6820 : 1995	Fluid sealants
JIS A 1439 : 2010	Testing methods of sealants for sealing and glazing in buildings
JIS W 2014 : 2002	Finishes, coatings and sealants for the protection of aerospace systems
JIS T 6524 : 2005	Dentistry — Polymer-based pit and fissure sealants
JIS K 6820 : 1995/AMENDMENT 1 : 2006	Fluid sealants (Amendment 1)

7.2.5 BS(영국)

BS 8449 : 2005	Building and construction sealants with movement accommodation factors greater than 25%. Method of testfor determination of adhesion/cohesion properties at variable temperatures
BS 4129 : 1990	Specification for welding primers and weld-through sealants, adhesives and waxes for resistance welding of sheet steel
BS 2499-2 : 1992	Hot-applied joint sealant systems for concrete pavements. Code of practice for the application and use of joint sealants
BS 5212-2 : 1990	Cold applied joint sealant systems for concrete pavements. Code of practice for the application and use of joint sealants
BS 2499-3 : 1993	Hot-applied joint sealant systems for concrete pavements. Methods of test
BS 5212-3 : 1990	Cold applied joint sealant systems for concrete pavements. Methods of test
BS 5212-1 : 1990	Cold applied joint sealant systems for concrete pavements. Specification for joint sealants
BS 3712-3 : 1974	Building and construction sealants. Methods of test for application life, skinning properties and tack-free time
BS 3712-1 : 1991	Building and construction sealants. Methods of test for homogeneity, relative density and penetration
BS 3712-2 : 1973	Building and construction sealants. Methods of test for seepage, staining, shrinkage, shelf life and paintability
BS 3712-4 : 1991	Building and construction sealants. Method of test for adhesion in peel
BS EN 3102 : 2013	Aerospace series. Sealants. Test methods. Determination of low-temperature flexibility
BS EN 29048 : 1991	Building construction. Jointing products. Determination of extrudability of sealants using standardized apparatus
BS EN 14840 : 2005	Joint fillers and sealants. Test methods for preformed joint seals
BS ISO 11527 : 2010	Building construction. Sealants. Test method for the determination of stringiness
BS EN 15651-1 : 2012	Sealants for non-structural use in joints in buildings and pedestrian walkways. Sealants for facade elements
BS EN 15651-4 : 2012	Sealants for non-structural use in joints in buildings and pedestrian walkways. Sealants for facade elements
BS EN 15651-3 : 2012	Sealants for non-structural use in joints in buildings and pedestrian walkways. Sealants for sanitary joints
BS EN 15651-2 : 2012	Sealants for non-structural use in joints in buildings and pedestrian walkways. Sealants for glazing

BS EN 14188-4 : 2009	Joint fillers and sealants. Specifications for primers to be used with joint sealants
BS EN 13880-8 : 2003	Hot applied joint sealants. Test method for the determination of the change in weight of fuel resistance joint sealants after fuel immersion
BS EN 13880-7 : 2003	Hot applied joint sealants. Function testing of joint sealants
BS EN 14188-1 : 2004	Joint fillers and sealants. Specifications for hot applied sealants
BS EN 14187-9 : 2006	Cold applied joint sealants. Test methods. Function testing of joint sealants
BS EN 14188-2 : 2004	Joint fillers and sealants. Specifications for cold applied sealants
BS EN 15651-5 : 2012	Sealants for non-structural use in joints in buildings and pedestrian walkways. Evaluation of conformity and marking
BS EN 13880-3 : 2003	Hot applied joint sealants. Test method for the determination of penetration and recovery (resilience)
BS EN 13880-5 : 2004	Hot applied joint sealants. Test method for the determination of flow resistance
BS EN 14187-5 : 2003	Cold applied joint sealants. Test method for the determination of the resistance to hydrolysis
BS EN 14187-8 : 2003	Cold applied joint sealants. Test method for the determination of the artificial weathering by UV-irradiation
BS EN 13880-1 : 2003	Hot applied joint sealants. Test method for the determination of density at 25$0DC
BS EN 13880-2 : 2003	Hot applied joint sealants. Test method for the determination of cone penetration at 25$0DC
BS EN 13880-9 : 2003	Hot applied joint sealants. Test method for the determination of compatibility with asphalt pavements
BS EN 14187-2 : 2003	Cold applied joint sealants. Test method for the determination of tack free time
BS EN 14187-4 : 2003	Cold applied joint sealants. Test method for the determination of the change in mass and volume after immersion in test fuel
BS EN 14187-7 : 2003	Cold applied joint sealants. Test method for the determination of the resistance to flame
BS EN 14188-3 : 2006	Joint fillers and sealants. Specification for preformed joint seals
BS EN 13880-6 : 2004	Hot applied joint sealants. Method for the preparation of samples for testing
BS EN 14187-3 : 2003	Cold applied joint sealants. Test method for the determination of self-levelling properties
BS EN 14187-6 : 2003	Cold applied joint sealants. Test method for the determination of thc adhesion/cohesion properties after immersion in chemical liquids

BS EN 13880-4 : 2003	Hot applied joint sealants. Test method for the determination of heat resistance. Change in penetration value
BS EN 14187-1 : 2003	Cold applied joint sealants. Test method for the determination of rate of cure
BS EN 14241-1 : 2013	Chimneys. Elastomeric seals and elastomeric sealants. Material requirements and test methods. Seals in flue liners
BS EN 15466-1 : 2009	Primers for cold and hot applied joint sealants. Determination of homogeneity
BS EN 15466-3 : 2009	Primers for cold and hot applied joint sealants. Determination of solids content and evaporation behaviour of volatiles
BS EN 15466-2 : 2009	Primers for cold and hot applied joint sealants. Determination of resistance against alkali
BS EN 13880-10 : 2003	Hot applied joint sealants. Test method for the determination of adhesion and cohesion following continuous extension and compression
BS EN ISO 8339 : 2005	Building construction. Sealants. Determination of tensile properties (extension to break)
BS EN 13880-13 : 2003	Hot applied joint sealants. Test method for the determination of the discontinuous extension (adherence test)
BS EN 13880-12 : 2003	Hot applied joint sealants. Test method for the manufacture of concrete test blocks for bond testing (recipe methods)
BS EN 13880-11 : 2003	Hot applied joint sealants. Test method for the preparation of asphalt test blocks used in the function test andfor the determination of compatibility with asphalt pavements
BS EN ISO 8340 : 2005	Building construction. Sealants. Determination of tensile properties at maintained extension
BS EN ISO 6874 : 2005	Dentistry. Polymer-based pit and fissure sealants
BS EN ISO 6927 : 2012	Buildings and civil engineering works. Sealants. Vocabulary
BS EN ISO 9047 : 2003	Building construction. Jointing products. Determination of adhesion/cohesion properties of sealants at variable temperatures
BS ISO 16938-2 : 2008	Building construction. Determination of the staining of porous substrates by sealants used in joints. Test without compression
BS EN ISO 7389 : 2003	Building construction. Jointing products. Determination of elastic recovery of sealants
BS ISO 16938-1 : 2008	Building construction. Determination of the staining of porous substrates by sealants used in joints. Test with compression
BS EN ISO 9046 : 2004	Building construction. Jointing products. Determination of adhesion/cohesion properties of sealants at constant temperature

BS EN ISO 7390 : 2003	Building construction. Jointing products. Determination of resistance to flow of sealants
BS EN ISO 10590 : 2005	Building construction. Sealants. Determination of tensile properties of sealants at maintained extension after immersion in water
BS EN ISO 10591 : 2005	Building construction. Sealants. Determination of adhesion/cohesion properties of sealants after immersion in water
BS EN ISO 10563 : 2005	Building construction. Sealants. Determination of change in mass and volume
BS 6213 : 2000+A1 : 2010	Selection of construction sealants. Guide
BS EN ISO 11432 : 2005	Building construction. Sealants. Determination of resistance to compression
BS EN ISO 11431 : 2002	Building construction. Jointing products. Determination of adhesion/cohesion properties of sealants after exposureto heat, water and artificial light through glass
BS EN ISO 8394-1 : 2010	Building construction. Jointing products. Determination of extrudability of sealants
BS EN ISO 8394-2 : 2010	Building construction. Jointing products. Determination of extrudability of sealants using standardized apparatus
BS 8000-16 : 1997+A1 : 2010	Workmanship on building sites. Code of practice for sealing joints in buildings using sealants
BS EN 15434 : 2006+A1 : 2010	Glass in building. Product standard for structural and/or ultra-violet resistant sealant(for use with structural sealant glazing and/or insulating glass units with exposed seals)
BS EN 13022-1 : 2006+A1 : 2010	Glass in building. Structural sealant glazing. Glass products for structural sealant glazing systemsfor supported and unsupported monolithic and multiple glazing
BS EN 13022-2 : 2006+A1 : 2010	Glass in building. Structural sealant glazing. Assembly rules
BS EN ISO 11600 : 2003+A1 : 2011	Building construction. Jointing products. Classification and requirements for sealants

이번에 제작한 실링 가이드 매뉴얼은 실링공사의 범위와 실링기술의 이해를 돕기 위해 제작한 매뉴얼이다. 실링기술의 범위가 넓고 실링공사에 사용하는 재료가 다양하기 때문에 이번에 제작한 매뉴얼에서 모든 내용을 포함하기에는 어려운 점이 많았다. 후속편으로 발간될 실링 가이드 매뉴얼에서는 다음의 내용을 포함할 예정이다.

첫째, 방화용 실링재에 대한 내용을 추가할 예정이다. 국내 및 해외 규격 등을 참조하여 방화성능 실링재에 대한 설명과 시험방법 등을 제시할 예정이다.

둘째, 실링재의 VOCs 방출량에 대하여 국내 및 해외 규격 등을 참조하여 국내 실정에 맞는 실링재의 VOCs 방출량의 시험방법 및 기준을 제시할 예정이다.

셋째, 실링재의 항균성능에 대하여 국내외 규격 및 시험방법 등을 참조하여 국내 실정에 맞는 실링재의 항균성에 대한 정의와 시험방법을 제시할 예정이다.

넷째, 실링재의 적용 용도에 따른 실링재의 성능기준 및 시험방법을 제시할 예정이다. 이번에 제작한 실링 가이드 매뉴얼에는 다양한 종류의 실링재와 다양한 용도에 대하여 설명되어 있다. 하지만 국내 실링재의 기준은 KS F 4910으로 통일되어 있기 때문에 용도에 따른 실링재의 성능기준 및 시험방법이 필요한 실정이다. 그리고 해외 규격과 국내 규격의 차이점에 대한 설명도 추가할 예정이다.

다섯째, 다양한 종류의 실링재에 대한 설명을 추가할 예정이다. 이번에 발표하는 실링 가이드 매뉴얼에 폴리머 종류에 따른 실링재에 대하여 기술하였지만, 실리콘계 실링재에 대한 비중이 높았다. 향후 개정될 실링 가이드 매뉴얼에는 실리콘계 이외의 실링재에 대한 설명을 보완하도록 하겠다. 그리고 실링 가이드 매뉴얼에서 사용하고 있는 용어에 대한 해설을 보완할 것이다.

여섯째, 실링재 시공 사례 중 하자 사례에 대하여 소개할 것이다. 시공 사례 중 하자가 발생한 경우에 대하여 동일한 하자가 발생하지 않도록 하자의 원인과 하자 방지방법에 대하여 설명할 것이다.

추후 실링위원회 회원 및 사용자의 의견을 반영하여 개정되는 실링 가이드 매뉴얼에는 더욱 풍부한 내용으로 실링재 사용자 여러분들에게 도움을 드리도록 하겠습니다.

건축시공전서

실링기술 가이드 매뉴얼

2016년 1월 15일 1판 1쇄 인쇄
2016년 1월 20일 1판 1쇄 발행

편 저 사단법인 한국건축시공학회
서울특별시 강남구 역삼동 635-4
한국과학기술회관 신관 509호
TEL. 02)745-5547~8
FAX. 02)745-5541
E-mail kic5547@hanmail.net
홈페이지 http : //www.kic.or.kr

발행인 강 경 인

발행처 사단법인 한국건축시공학회

출판보급처 기 문 당
서울특별시 성동구 무학봉 28길 4-1
TEL. 02) 2295-6171(代)~5
FAX. 02) 2296-8188

출판등록 1976. 10. 7 (1-44)

홈페이지 http : // 기문당
http : // www.kimoondang.com

ISBN 978-89-6225-662-8 94540
978-89-6225-658-1 94540(세트)

정 가 12,000원

〈검인생략〉 이 책의 무단 복제를 절대 금합니다.

이 도서의 국립중앙도서관 출판시도서목록(CIP)은 서지정보유통지원시스템 홈페이지(http://seoji.nl.go.kr)와 국가자료공동목록시스템(http://www.nl.go.kr/kolisnet)에서 이용하실 수 있습니다.
(CIP제어번호 : 2016000507)